CHAOJINGGE ZHENSUIJISHU
CHANSHENG JISHU

超晶格
真随机数产生技术

刘延飞　杨东东　陈诚　李修建　李琪　胡元奎　著

国防工业出版社
·北京·

内 容 简 介

随机数发生器被用来产生密码或作为各类密码设备的核心器件，具有十分广泛的应用。本书首次利用半导体超晶格作为真随机数发生器的混沌熵源，针对超晶格作为混沌熵源时所涉及的器件设计、混沌信号分析、随机数提取等问题进行研究，从理论上对超晶格混沌产生自激振荡的机理进行了研究，从实践上实现了基于超晶格混沌熵源的随机数发生器设计及产生真随机数的评估。

本书适合高等学校、科研院所从事微电子、保密通信及交叉专业研究的研究生和科研人员参考阅读。

图书在版编目（CIP）数据

超晶格真随机数产生技术／刘延飞等著．—北京：
国防工业出版社，2024.5
ISBN 978-7-118-13304-2

Ⅰ．①超… Ⅱ．①刘… Ⅲ．①超晶格半导体–研究
Ⅳ．①TN304.9

中国国家版本馆 CIP 数据核字（2024）第 085104 号

※

国防工业出版社出版发行
（北京市海淀区紫竹院南路 23 号 邮政编码 100048）
天津嘉恒印务有限公司印刷
新华书店经售

*

开本 710×1000 1/16 印张 9½ 字数 162 千字
2024 年 5 月第 1 版第 1 次印刷 印数 1—1500 册 定价 80.00 元

（本书如有印装错误，我社负责调换）

国防书店：（010）88540777 书店传真：（010）88540776
发行业务：（010）88540717 发行传真：（010）88540762

前　言

随机数发生器是制密系统和各类密码保密系统中不可缺少的关键部件，被广泛应用于数据加密、密钥管理、安全协议、数字签名、身份认证等领域。目前广泛使用的多为伪随机数，具有使用方便、硬件开销小等优点，但也存在理论可破解性等安全问题。真正随机的噪声信号只能来源于自然界的各种物理熵源，真随机数发生器的三个基本要求是真随机性、高质量、高速度。

本书介绍的是利用超晶格作为真随机数发生器的混沌熵源，通过对超晶格作为混沌熵源时所涉及的器件设计、混沌信号分析、随机数提取等技术的介绍，让读者从理论上理解超晶格混沌产生自激振荡的机理，从实践上清楚基于超晶格混沌熵源的随机数发生器设计及产生真随机数的评估方法。本书内容翔实、层次分明，为推动超晶格在真随机数发生器领域的应用提供了新思路，具有较强的研究意义和应用价值。

全书的章节安排如下。

第1章概述了密码学信息安全及物理真随机数的研究意义，对随机数发生器的发展、超晶格器件的提出发展及相关混沌理论最新发展进行了综述。

第2章介绍了弱耦合超晶格的基本结构和原理，然后对超晶格电子输运机理进行解析，分析得出超晶格中电子输运现象主要来自级联共振隧穿机制，并且建立高低场畴及级联隧穿的物理模型。

第3章介绍了混沌熵源的超晶格芯片的设计及制备。利用超晶格周期性结构、调制掺杂的不同及晶格界面态等因素的影响，使处于弱耦合态的半导体超晶格具有高维的非线性，从而产生高带宽的混沌振荡，介绍了制备具体超晶格器件并在实验室条件下对其进行了基本测试。

第4章针对超晶格输出信号的噪声问题抑制提出了切函数平滑算法实现对超晶格信号的降噪。分析超晶格输出混沌信号测试中所引入的噪声来源及对输出信号混沌特性所带来的影响，阐述针对超晶格混沌信号的降噪算法。

第5章建立了超晶格的简化方程模型，并着重分析了超晶格上所加偏置电压的变化与输出信号混沌特性之间的联系。利用方向李雅普诺夫指数分析了超晶格参数变化与状态空间结构之间的联系，从相空间结构的角度分析了超晶格参数变化对输出混沌信号性能的影响。

第 6 章提出了利用信号激励对超晶格输出信号混沌特性进行改善的方法。详细分析了超晶格在混沌信号激励下对其混沌性能的影响，基于 Kaplan-Yorke 推论（K-Y 推论）建立了超晶格与混沌激励间联系，设计了参数可调的混沌激励信号源，利用粒子群算法选择了混沌激励源的最优参数。

第 7 章介绍了真随机数发生器软硬件设计及实现。采用 FPGA 对采集得到的混沌信号进行了信号处理，介绍了上位机软件实现对所生成随机数的实时显示并对得到的随机数进行了测试，利用国际上通行的评判方法 NIST 和 DIEHARD 进行评判，证明该随机数发生器可以在常温条件下以 200Mbit/s 的速率输出高质量随机数。

第 8 章使用两种不同的随机数测试方法对超晶格发生器产生的随机数进行随机性测试。对弱耦合超晶格输出的随机数进行了大量测试。结果表明，超晶格可以在常温条件下以 8 位有效数据在 200MHz 的速率输出高质量随机数，产生的随机数序列均可以通过主流的随机数性能评价标准。

本书的出版得到了中国科学院苏州纳米所张耀辉研究团队的大力支持，提出了非常宝贵的建议和鼓励，在此表示衷心的感谢。感谢多年来与本书作者亲密合作的所有老师和研究生，衷心感谢他们的贡献。同时，感谢所有被直接或者间接引用文献资料的同行学者。

超晶格作为一种新型的物理熵源，仍处于迅速发展阶段，属于研究前沿课题，至今尚未形成一套完整的理论体系，还有很多的研究问题亟待解决，也希望有更多的国内外学者关注与研究超晶格，使该领域的相关问题得到进一步的研究探讨和解决。作者水平有限，难免存在疏漏与不足，热忱欢迎阅读本书的老师、研究生，以及相关的科研人员批评指正，共同交流。

作　者
2022 年 3 月 21 日

目　录

第 1 章
概　述

1.1　信息安全

1.1.1　密码学与信息安全

信息作为人类文明价值的重要载体，古往今来，人们借助丰富多样的技术手段或机制，试图为信息交互提供安全可信的环境，以保障信息在传递和存储过程中的信息安全。密码学是保障信息安全的核心技术和主要手段。古典密码学主要考虑信息的机密性，通过替换和移位将明文信息转换为难以理解的密文以隐藏信息的含义，如古罗马的 Caeser 密码、法国的 Vigenere 密码等。

人类社会进入电气时代后，由于战争中保密通信需求推动，密码技术及破译技术飞速进步，对密码算法的安全性提出了更高的要求，人们逐步改进加密手段，使用机械方法实现了相对复杂的专用加密机器，如德国 A. Scherbius 发明的密码机 ENIGMA 和英国 A. Turing 设计的密码机 Colossus 等。1949 年，克劳德·香农（C. Shannon）发表了 *Communication Theory of Secrecy Systems*（保密系统的通信理论），使密码技术由一门技巧性很强的艺术成为真正的科学。

伴随着当今世界在数字化、信息化道路上的深度变革，现代密码学通过设计安全的密码算法和安全协议，为数字世界中信息的机密性、完整性、可鉴别、抗抵赖、可用性等信息安全问题提供了高效可行的解决方案。

现代密码学中，依据密钥体系的不同，将基于密钥的算法分为对称加密算法和非对称加密算法。对称加密算法的加密密钥和解密密钥相同或能简单地相互推算获得。传统的密码算法均可归纳为对称加密算法，主要用于解决保密通信中的信息机密性问题，如图 1.1 所示。对称密码体制最大的优点在于加解密速度快、算法简单、系统开销小，适用于大规模数据加密的场景。即便如此，对称密码体制在实际应用中存在许多限制，包括：

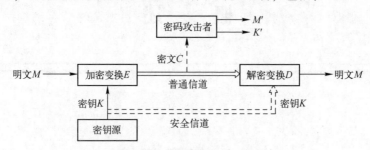

图 1.1　对称加密算法使用对称密钥进行加解密

（1）对称加密算法要求保密通信前发送者和接收者必须提前共享密钥。因此使用的密钥必须在加解密前预先分发，且必须保证密钥在全生命周期内完全保密。密钥的泄露将意味着保密通信的完全失败，这带来了严峻的密钥管理问题。

（2）规模复杂性。例如，当今互联网环境下，海量用户及匿名性是其基本特征。在对称密钥体制下，若要保证所有用户之间能相互进行保密通信，则每个用户都必须与其他用户共享私密密钥而不被其他用户知晓。拥有 N 个用户的团体，每个用户需要维护$(N-1)$个密钥，还需要记住每个密钥对应于哪个用户。团体总共需要维护$N \times (N-1)$组密钥，这在当前拥有动辄上亿用户群体，各种各样应用服务的互联网生态模式下，显然是行不通的。即使采用基于对称密码的中心服务，可以缓解个体用户密钥管理问题，也可以实现新用户灵活加入问题，但还是无法从根本上解决庞大组织所带来的密钥管理负担与安全性风险。

（3）对称加密体制无法很好地解决数字签名问题，这很大程度限制了对称加密的应用环境。

针对对称加密在实际应用中的诸多限制，非对称加密应运而生。1976 年，Diffie 和 Hellman 在论文 *New Directions in Cryptography*（密码学的新方向）中引入单向函数（one-way function）和陷门单向函数（trap-door one-way function），提出了顺应计算机发展潮流的公开密钥密码思想。非对称加密又称公开密钥加密，相对于对称加密，公开密钥加密最大的特点是需要两个不同的公钥和私钥来完成加解密过程，由私钥可以计算得到公钥，而无法由公钥通过计算推得私钥，如图 1.2 所示。因此公钥是可以任意向外发布的，如通过不安全的互联网信道，用户只需要严格秘密保管私钥。公开密钥加密主要用于实现不安全信道下的密钥交换，以简化密钥管理，也可用于数字签名，保护数据的真实性和完整性，同时提供抗抵赖安全机制。

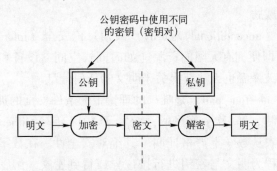

图 1.2　非对称加密算法加密和解密过程

公开密钥算法直接用于保密通信虽然在思想上是可行的，但通常只用于加密密钥而不是加密消息。主要原因是：①公开密钥算法计算复杂，处理速度相比对称密码显得非常慢，需要很大的时间和空间的代价；②由于加密密钥是公开的，易受选择明文攻击。在实际应用中，通常采用混合密码系统方案——数字信封（key capsulation），使用公开密钥算法保护和分发对称密钥，然后应用对称加密算法进行保密通信。公开密钥密码为互联网环境中的密钥分发和管理带来了极大的便利。

▲1.1.2　密码系统的安全性

无论是采用对称加密体制还是非对称加密体制，现代密码学将密码系统的安全性均可归结为密钥的安全性。根据柯克霍夫原则（kerckhoff's principle），评估密码系统安全性应假设密码系统的全部设计细节是公开的，通过详尽且细致的密码分析检验的密码算法便被认为是足够安全的。目前，密码系统的安全观念是基于密钥被破译的难易程度，将密码体制划分为不同的安全等级。由信息论原理得知，除"一次一密"以外所有密码算法都是能被破译的。密码学中通过分析不同密码技术和算法的计算复杂性所需要的计算能力，从而确定它们的安全性。

计算安全（computationally security）是指利用所有已知的算法和现有的工具都不可能（在比宇宙年龄还长的时间内）完成破译所要求的工作量。密码系统的安全性不仅需要按照现有技术水平评估，而且应设计成抵御未来许多年计算能力的发展，但参照现代计算技术发展历史经验，未来实在是难以预计的。随着现代计算机算力的指数级提升，计算安全的边界被不断上移，尤其是以量子计算为代表的新型计算方式的出现，对许多依赖计算安全的密码算法造成了致命威胁。

无条件安全（unconditional security）或信息论安全（information-theoretic security）指的是即便拥有无限的资源（如时间、空间、设备和资金等）和充足的实验数据，破译者也无法获得关于明文的任何信息。

一次一密（one-time pad）是唯一的理论上无条件安全的加密方案，属于对称密钥加密体制。"一次一密密码系统"于 1917 年被 Gilbert Vernam 提出，并由克劳德·香农从数学上严格证明了其绝对安全性。在数字系统中实现非常简单，加密过程为明文与密钥进行按位异或得到密文，解密过程则由密文直接与密钥按位异或便可恢复出明文。但一次一密方案需要实现无条件安全必须满足如下条件。

（1）密钥序列的长度不短于明文序列长度；

（2）密钥序列必须是真随机的；

（3）密钥序列不能被重复使用。

由上可知，虽然一次一密加密提供了理论上的不可破译性，但若需实际应用，将为密钥的生产、存储、分发、管理等密钥管理问题带来极大的负担。首先，若要保证无条件安全，则密钥必须是真随机数。真随机数必须是从蕴含客观随机性的物理现象中获得的，这往往十分难得。尤其是一次一密工作模式需要真随机数发生器速率不低于保密通信速率，这不仅为真随机数发生器的设计应用带来挑战，相反又极大程度地限制了保密通信速率。

其次，因为一次一密需要的密钥量巨大，这为密钥分发带来了挑战。由于一次一密加密属于对称密钥加密体制，要想实现保密通信，通信双方一定要在保密通信前事先通过某种途径共享密钥。如果密钥至少和明文一样长，那么在多数即时通信的场景下，与其协商密钥再对信息加密，不如直接通过实现协商密钥的安全途径将明文传送给对方。

最后，一次一密密钥无法被压缩，也无法使用密钥加密密钥的方式进行安全存储，仅能使用专用硬件安全模块进行保护，因此保障密钥的安全存储需要极高的代价。无条件安全加密确实是一个难以实现的目标，目前仅在为安全性不计成本和代价的高度机密保密通信中存在应用场景。

量子保密通信基于量子不可克隆及单光子不可分割性，可以实现无条件安全的[1]。但是，目前量子保密通信仍存在一些尚未解决的技术问题，如速率低、质量差、成本高等[2]。因此，现代保密通信在未来很长一段时间内必然仍是保密通信的主流。前面也提到了现代保密通信的根本是随机数，而随机数发生器被用来产生密码或作为各类密码设备不可缺少的关键部件。随机数发生器应用范围十分广泛，在通信、密码学、国家信息安全等领域具有重要的应用价值，被广泛应用于数据加密、密钥管理、安全协议、数字签名、身份认证等诸多领域。由于密码必须具备一定的难破解性，因而真随机数发生器所产生的序列必须是真随机的，并且随着科技的发展，越来越需要能产生高质量高随机性的真随机数，也就是所使用的随机数必须满足真随机性。而传统利用计算机程序所产生的数字序列都是伪随机的，把它扩展到一定的长度后都将具有一定的规律。真随机数必须来自自然界中的各种非线性现象之中[3]，也就是真随机数必须有一定的随机性检验要求，并且随机数的生成速率要足够高。

自然界存在非常多的现象都属于真随机的过程。比如温度变化及布朗运动等，电路中同样存在真随机现象，如热噪声的存在或者可以直接构造一些能够产生混沌信号的电路。混沌信号没有周期性且具有许多随机信号所具有的性质，可以用来作为熵源产生真随机数。美国的 Intel、Comscire 公司，瑞典的 Protego 公司，以及国内的上海交通大学、复旦大学、浙江大学等均推出了基于热噪声或者混沌电路的真随机数发生器[4-9]。但是由于热噪声及混沌电路所产生信号带宽的限制，它们只能产生兆级的随机数。

通信技术的发展使通信频率逐渐升高，因而对通信加密所需要的真随机产生速率同样提出很高的要求。现在通信频率达到数吉赫兹，要求对通信信号加密的真随机数发生器同样需要达到相应频率。然而真随机数的发展与现实需求之间却有很大的差距。为了实现更高速度的真随机数产生器，近年来，日本 Takushoku 大学、以色列 Bar-Ilan 大学和国内的太原理工大学展开了基于混沌激光产生真随机数的研究，并分别实现了 75G[10-11]，300G[12-13] 和 7.5G[14-15]bit/s 的真随机数输出，这些随机数都能够通过国际上所认可的 NIST、Diehard 等随机数检验标准。然而，混沌激光需要外部反馈，占地面积较大。而且由于涉及电-光和光-电双重转换，系统较为复杂。且激光器在工作过程中需要不断冷却，功耗大，对温度等外界环境极为敏感[16-18]。这些因素让基于混沌激光随机数发生器在实际应用中面临不小的困难。因此，现实急需寻找一种高质量、高带宽、小型化、低功耗、系统简单的全固态高速物理噪声源。

中国科学院张耀辉团队在国际上率先发现半导体超晶格在常温下的高频混沌振荡，同时证实超晶格是理想的混沌噪声源，非常适用于产生真随机数[19]，从而使超晶格应用于现实应用随机数产生成为可能。半导体超晶格器件是一个高维度非线性系统且能够实现自激振荡，满足高质量高带宽的要求，同时它也是固态器件，做成器件体积极小，只有一个普通二极管大小，因而满足小型化、低功耗、系统简单的特点，非常适合作为随机数产生的噪声熵源。超晶格内部量子阱所具有的共振隧穿效应是其产生混沌振荡的根源，其中所蕴含的非线性由其制作过程中所设置的一些参数所决定，如调制掺杂、晶格周期等[20-21]。这些超晶格内部结构的特殊性使它在满足一定外界条件时将产生自激振荡[22]。这种自发电流混沌振荡是一种空-时混沌，具有如下特征：①幅度和相位均随机。②吸引子能够在状态空间中稠密存在。③带宽达百兆赫兹量级[23]。截至目前，超晶格的自激振荡带宽在所有固态器件中均是最高的。半导体超晶格器件是一个全固态电子器件，体积可以做得很小，功耗仅有 500mW 左右，尤为契合对随机数熵源的需求。因此，研制基于超晶格的随机数发生器具有十分重要的意义。

本书提出利用半导体超晶格作为混沌熵源，研究利用超晶格作为混沌熵源时所涉及的器件制作、混沌信号分析、随机数提取等问题。从理论上，对超晶格混沌信号产生机理进行研究；从实践上，实现基于超晶格常温混沌的随机数发生器设计及优化。

1.2 伪随机数与真随机数

随机数发生器已嵌入在大多数编译器中了，产生随机数仅仅是函数调用而已。为什么不用这种编译器呢？因为这种随机数发生器对于密码来说几乎是不安全的，甚至可能不是很随机的，它们中的大多数是非常差的随机数。

随机数发生器并不是完全随机的，因为它们不必要这样。像计算机游戏，大多数简单应用中只需要几个随机数，几乎无人注意到它们。然而，密码学对随机数发生器的性质是极其敏感的。若用粗劣的随机数发生器，则可能会得到毫不相干和奇怪的结果。如果安全性依赖随机数发生器，那么最后得到的东西就是这种毫不相干和奇怪的结果。随机数发生器不能产生随机序列，甚至可能产生不了乍看起来像随机序列的数。当然，在计算机上不可能产生真正的随机数。引用冯·诺依曼的话："任何人考虑用数学的方法产生随机数肯定是不合情理的。"计算机的确是怪兽：数据从一端进入，在内部经过完全可预测的操作，从另一端出来的却是不同的数据；把同一个数据在不相干情况下输入进去，两次出来的数据是相同的；把同样的数据输入相同的两个计算机，它们的运算结果是相同的。计算机只能是一个有限的状态数（一个大数，但无论如何是有限的），并且输出状态总是过去的输入和计算机的当前状态确定的函数。这就是说，计算机产生的随机序列一定是周期性的，而任何周期性的东西都是可预测的。如果是可预测的，它就不可能是随机的。真正的随机序列发生器需要随机输入，但是计算机不可能提供这种随机输入。只依赖计算机算法产生的随机数是伪随机数，利用自然界中存在的随机现象产生的随机数才是真随机数。

▲1.2.1　伪随机数产生的研究现状

伪随机数发生器的研究经历了长期的发展，这里主要介绍一些最常用的方法，具体如下。

1. 线性及非线性同余随机数发生器

线性同余法[24]源自数学基础理论中的同余运算。这种算法具有速度快、实现手段较为简单且代码容易移植的特点，因而目前被广泛应用于各种伪随机数发生器[25]。但是这种发生器的缺点也是显而易见的，其中最主要的表现就是在高维空间中存在严重的不均匀，也就是在高维空间产生稀疏的网格结构。由于在评价随机数质量时，均匀性是最重要的一个指标，所以在一些对随机数要求较高场合不便于用这种方法[26-27]。

为了克服线性同余发生器在高维空间中的不均匀性。人们提出了非线性同余法。非线性同余法中的同余逆发生器作为最常用的伪随机数发生器可以通过高达 30 维的均匀检验，而线性同余发生器则不会超过 10 维[28]。但是，同余逆发生器却具有与线性同余发生器相比拟的周期，也就是存在一定的周期性，这种特性已被 Matteis 等证明[29]。周期性则是随机性的伪命题。

2. 反馈移位寄存器随机数发生器

Tausworthe 于 1965 年首先提出利用反馈移位寄存器在存储单元中产生随机序列的方法[30]，克服了发生器均匀性差、周期不够长的缺点。反馈移位寄存器随机数发生器经过多年的发展拥有了众多方法[31-33]。这些方法具有相关性低、随机特性好、信号周期长等优点，因而在现实中产生了许多实用的产品[34-35]。

3. 组合随机数发生器

可以通过将一系列伪随机数发生器组合到一起来改善伪随机数发生器的性能[36-38]。这种类型的随机数发生器的组合形式多种多样，但构成形式主要包括以下两种：①利用伪随机数发生器产生的随机数作为源，然后再利用其他随机数发生器对其进行运算得到结果[39]；②利用一个伪随机数发生器对另外一个随机数发生器产生的结果进行随机排序[40]。

▲ 1.2.2　真随机数产生的研究现状

自然界中存在着能够产生各种各样的随机现象的物理熵源[41-43]。利用这些物理熵源可以产生物理意义上完全随机、不可预测、非周期的真随机数。常用的随机数物理熵源主要有基于电子技术的物理熵源[44]、基于光电子技术的物理熵源[45-46]和基于全光技术的物理熵源[47]等。

1. 基于电子技术的物理熵源

基于电子技术的物理熵源利用电子器件或电路结构所具有的一些随机特性来实现随机数的发生。其最大的优点是小体积、低功耗。最常用的基于电子技术的物理熵源主要包括：

（1）热噪声。电子器件多为半导体器件，极易受到温度等外界环境的影响从而产生一些随机现象[48-49]。因而，可以利用一个具有高增益、高带宽的功放对具有热噪声特性的电路或电子器件所输出的热噪声电信号进行放大。放大得到的信号可以与设定好的参考电压相比从而产生随机信号。这些随机现象所产生的电噪声可以作为随机数产生的熵源来使用，由于这些熵源的信号强度均较弱，在实际使用时需要对其进行放大，并与提前所设定好的阈值电压相比较来产生真随机数[50]。

（2）随机对两个振荡器的输出进行采样实现随机数的产生。该方法通过比较分别工作于高、低频的两个振荡器实现随机序列的产生[51-52]。

（3）基于混沌自激电路所构成的随机数发生器。混沌理论与电路理论的交叉发展产生了非常多种类的混沌电路，且混沌信号本身所具有的非周期性和宽频带特性非常适合作为随机数发生器的物理熵源。美国福特航天器公司[53]、芬兰图尔库大学[54]、澳大利亚 T. Stojanovski 等[55-56]、M. E. Yal-cin[57-58]、土耳其 S. Ozoguz[59] 都做了相关研究。我国清华大学[60]、哈尔滨工业大学[61]、浙江大学[62] 也都进行了相应的研究。

2. 基于光电子技术的物理熵源

基于量子的不确定性可以产生绝对随机的二进制数。量子本身所具有的不确定性使其可以作为一个理想的噪声源。澳大利亚 T. Jennewein 等[63]、克罗地亚 M. Stipcevic 等[64] 利用光电子技术来产生真随机数。除此以外，还可以利用激光器的相位所具有的随机性来产生真随机数。激光设备非常适合用来产生高速随机信号，其频率通常可达数吉赫兹[65]。基于此原理西南大学同样研制了具备高速性能的随机数发生器[66]。

◤ 1.3　超晶格密码技术

随着半导体材料生长技术（MBE、MOCVD 等）的成熟，人们可以在衬底上均匀生长原子量级的超薄层。采用这些技术，能够实现半导体超薄层材料精确的交替生长，形成一系列周期性的势垒和势阱。利用两种不同材料交互叠加产生的多周期结构称为超晶格[67-68]，如图 1.3（a）所示。交替生长的 GaAs 和 AlGaAs 材料具有不同的禁带宽度，它们分别构成了量子阱的阱和垒[69]，这个量子阱的能带结构如图 1.3（b）所示。

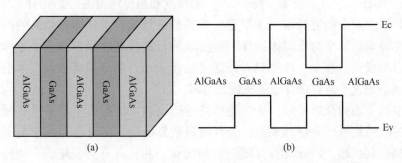

图 1.3　超晶格（a）结构及（b）能带（GaAs/AlGaAs 材料）

根据超晶格中电荷输运特点，可以把超晶格分为两类：强耦合和弱耦合超晶格[70]。对于前者，量子阱内的电子波函数可以扩展到多个紧邻甚至所有量子阱中，形成超晶格中的子带，电子在沿量子阱晶格方向的输运是相干的[71]；对于后者，没有扩展到整个超晶格的电子态，各量子阱中电子态一般只能扩展到相邻的一到两个量子阱，电荷的输运通过各个相邻量子阱间的共振隧穿实现[72]。在弱耦合超晶格中，电荷被局限在各个量子阱中。在外加偏压的驱动下，可以形成电荷的单极子，即电荷畴。电荷畴可以有多种运动方式：电场方向运动、反电场方向运动、量子阱内不变。这些运动的相互作用最终将导致自发的周期性电流振荡。弱耦合超晶格可以被看成多个互相串联耦合的共振隧穿器件，即由多个非线性系统互相耦合的复杂系统。因此，在弱耦合超晶格中有比强耦合超晶格中更多、更复杂的非线性效应，如稳态的电荷畴、电压-电流特性中的多稳态、电荷畴的钉扎、自发振荡和高频尖脉冲等[73-75]。

中国科学院张耀辉团队在国际上率先观测到超晶格低温混沌振荡[76]。近期，该项目团队初次在常温下实现超晶格的自激振荡的测量[77]。以该振荡器作为宽带物理噪声源，该研究团队与以色列 Kanter 教授就基于超晶格高速随机数发生器进行了合作研究，取得了突破性进展。实现最高达 80Gbit/s 的高速随机数的生成[78]。同时，美国物理学会网站对此以 *Rapid-Fire Random Bits* 为题在"Physics"栏目作了专门介绍。项目组与德国 Paul-Drude 固体电子研究所 Grahn 教授在超晶格工作机理的合作研究工作中也取得了进展，观察到了常温下超晶格器件所产生的周期振荡信号和准周期振荡信号[79]，以及超晶格的相干共振现象[80]。

这种器件产生的自发电流混沌振荡是一种空-时混沌，振荡频谱的带宽达到了近 1GHz。它还具有如下特征[77]：①幅度和相位均随机。②吸引子状态空间在状态空间中稠密分布。③带宽达百兆赫兹量级。半导体超晶格的高频自发混沌振荡是迄今为止固体器件中能实现的最高带宽的噪声源。半导体超晶格可以集成到芯片上，体积只有普通二极管大小，功率损耗极低。本书将利用超晶格的这些特点来设计随机数发生器。

根据上面的介绍可知，基于超晶格的随机数发生器采用超晶格自激振荡产生的混沌信号作为物理熵源，为真随机数发生器，同时也为基于电子技术的随机数发生器，因而具有真随机数的优点，并且具有易于集成、功耗极低的优点。

在不影响理论完整性的基础上，为了简化分析，本书所针对的基于物理熵源的随机数发生器具有图 1.4 所示的结构。高速噪声源用来产生随机噪声信号，随机数发生器将其转化为随机序列，通过高速示波器对产生的随机序列进行采集和显示，最后通过 LabVIEW 实现对最终得到随机数据的处理。

图 1.4 基于超晶格熵源的随机数发生器

混沌理论是半个世纪以来的重要研究课题，经过多年的努力已经较为完善[83]。为了解决利用超晶格进行随机数发生器研制过程中所不可避免的上述两个问题。本书首先对超晶格的混沌特性进行了深入的研究，对其参数设置与输出混沌特性之间建立了一定的联系。状态空间重构是一种将一维或多维信号重构到高维状态空间的分析方法，而重构得到的状态空间理论上同原系统具有同胚结构。因而可利用重构得到的状态空间实现对原系统特征结构及参数的分析。但是在利用混沌理论对超晶格的混沌特性进行分析时将会遇到如下问题。

（1）由超晶格输出端采集得到的混沌振荡信号中存在大量的噪声。这些噪声的来源有超晶格半导体器件本身所具有的热噪声、实验测量仪器的一些干扰及外界电磁环境所带来的诸多干扰。这些干扰的存在是极不利于对混沌信号的分析的，并且某些动力学噪声的存在将会对超晶格本身的动力学特性造成极大的影响。虽然这些噪声存在增加了输出信号的随机性，对于随机数的产生是有利的，但对于分析超晶格参数与输出混沌信号之间的联系是极其不利的。因而如果要深入地研究超晶格本身混沌自激振荡的一些机理并对它进行改进，就必须先去除分析过程中所引入的一些关键噪声。

（2）要在状态空间中实现对超晶格输出信号的分析就必须选用合适的状态空间重构算法，所选择的状态空间重构算法必须能够真实还原超晶格内部的一些结构，或者和超晶格的一些关键结构参数建立一定的联系，这样才能通过状态空间对超晶格实施进行深入的分析。

（3）如上所述，要分析超晶格混沌振荡的机理，就必须建立状态空间与超晶格参数之间的一些联系。因此首先要做的是设计合适的、能够反映状态空间结构的参数状态空间，最终在超晶格参数与这些特征量之间建立一定的联系。

总而言之，要利用混沌理论对超晶格的混沌特性进行研究就必须做好降噪、重构及特征提取三个部分的重要工作。因此为了进一步改善超晶格的混沌特性，提出了利用周期信号及混沌信号激励超晶格器件的方法。下面就各部分分别介绍国内外发展现状及趋势。

1.4 混沌学分析方法

1.4.1 混沌信号降噪

当对超晶格输出信号进行测量时不可避免地会引入各种各样的噪声，这些噪声来源于器件本身、仪器设备及测量人员环境等带来的一些误差。噪声会对输出混沌信号的分析造成非常大的影响，将会破坏混沌信号在重构状态空间中所本应具有的一些基本特性，比如自相似性、混沌不变量及信号预测精度的影响[84-86]，从而破坏混沌信号在状态空间中所本应具有的一些基本结构。而本书研究的重点是建立超晶格参数与输出混沌信号之间的联系。如果输出状态空间本身结构遭到了破坏，将更难以建立超晶格参数与输出状态空间结构之间的联系。混沌系统本身对初始条件极为敏感[87]，如果某些动力学噪声的存在会使状态空间轨线发生严重偏移，将导致最终演化结果的不同。

因而，降噪是在分析测量信号时所不可缺少的一步，传统降噪方法利用线性方法，如傅里叶变换在频域或其他线性空间中将噪声去除。但是混沌信号与噪声的频谱有很大重叠区域，如混沌信号本身就具有宽频谱的特性[88]，与噪声有很宽的重叠频谱，因此需要采用不同的滤波技术。如果所研究的系统为确定性混沌动力学系统，则利用非线性的方法将会取得非常好的效果。

1. 区别混沌与噪声

混沌系统与随机过程有着许多共有的特性使在实际中往往难以对它们进行区分。O. A. Rosso 等通过采用复杂熵引入了一种特别的对混沌信号分析的平面空间。它的水平轴和垂直轴是相应概率的适当泛函分布，即系统的熵和对统计复杂度的度量。通过这两个函数由系统产生一个信号的概率分布函数，实现对混沌信号及噪声的测量[89]。J. B. Gao 等利用基于尺度李雅普诺夫指数能够成功区分噪声、含噪混沌信号、低维混沌及小尺度的混沌瞬态现象[90]。L. Zunino 等提出多尺度符号信息熵的概念，并用它实现了对系统中占主导的是确定成分还是随机成分进行成功区分，并且能对混沌信号中的噪声强度进行估计[91]。

2. 简化非线性降噪算法

大多数非线性预测或降噪方法涉及搜索信号的历史或近似的状态空间轨

线[92]。过去相近的轨线在演化过程中由于演化方程 $f(x)$ 正李雅普诺夫指数的存在将会逐渐发散。同时由于负李雅普诺夫指数的存在会使得当前轨线又都来源于不同的状态。并且这些偏移量将会被测量噪声放大[92]。此外，那些不管是过去还是现在都很接近的轨线，它们在时间段的中心点往往都能很好地适合。因而，简化非线性降噪算法利用过去及将来都接近的所有轨线样本的平均值来实现对混沌信号的估计，如下式所示：

$$\hat{s}_{n_0-m/2} = \frac{1}{|U_\varepsilon(s_{n_0})|} \sum_{s_n \in U_\varepsilon(s_{n_0})} s_{n-m/2} \tag{1.1}$$

式中：$U_\varepsilon(s_{n_0})$ 为延迟状态空间中相点 s_{n_0} 的邻域[92]。邻域半径 ε 的选择通常为噪声幅度的 2~3 倍，而较小的值将不会有很好的效果[92]。

快速非线性降噪算法在寻找状态空间的邻域时将会花费大量的时间[93]。如果只是简单地计算所有相点之间的距离然后再选取邻点的话将会花费 $O(N^2)$ 数量级的时间，但是利用二叉树的方法将会将时间降到 $O(N\ln N)$ 数量级，如果再利用某些搜索算法的话将会将选取邻点的时间最终降到 $O(N)$ 数量级[92]，则将大大地减少降噪算法所花费的时间。通常需要利用该算法对含噪信号进行 2~5 次降噪，才能将噪声降到一定的程度。如果噪声程度很大，该方法则可能需要叠加使用更多的次数。

3. 映射局部降噪

一种更为巧妙的混沌信号降噪算法是将由混沌信号重构得到的状态空间轨线映射到低维空间之中。由于噪声存在于更高维的空间，所以通过将状态空间轨线向系统本身所存在的空间进行映射将极大地降低状态空间中的噪声，从而实现对混沌信号的降噪。这种方法在状态空间中的每个局部利用由主成分分析所确定的切线空间代替[94]。最大的几个主成分对应吸引子所存在的子空间，而其他主成分则对应那些由噪声拓展的子空间[95]。状态空间轨线然后映射到吸引子所在子空间。这可以看作一个基于局部信息的奇异值分析方法[96]。同时也可以看作对状态空间的局部一阶逼近，而前面所介绍的快速非线性降噪算法为局部零阶逼近[97]。S. Jafari 等同样利用状态空间所具有一些独特结构实现了对混沌信号的降噪[98]。

4. 非线性自适应混沌降噪算法

当噪声强度很强时，信号的混沌特性将被湮没，此时再基于混沌信号的基本特性或混沌信号在状态空间中的一些基本特征再去做降噪处理则不会有很好的效果。因而，Wen-wen Tung 等提出一种自适应混沌信号降噪算法用于实现强噪声背景下混沌信号的降噪[99]。

5. 基于小波的混沌信号降噪算法

小波变换被广泛地应用于非平稳信号的降噪研究。Amr Sayed、Abdel Fattah 等讨论了利用小波实现对混沌信号的降噪，并且利用洛伦兹信号对降噪过程中涉及的阈值函数选取、变换形式、参数设置等进行了讨论[100]。DENG Ke 提出了一种基于小波包的混沌信号降噪算法，解决了利用常规小波算法对混沌信号降噪时所遇到的阈值函数问题[101]。

6. 其他降噪方法

①基于经验分析的降噪算法研究[102-104]，由于缺乏混沌理论依据，容易把其中关键成分滤除掉因而具有较大局限性；②利用吸引子在状态空间中所具有的平滑连续等特征同样可以实现对混沌信号的降噪[105-106]；③基于流形的混沌信号降噪研究[107-108]等。

▲1.4.2　混沌信号状态空间重构技术

通常复杂动力学系统的内部结构信息是无法获得的，但是对于确定性非线性混沌动力学系统可以通过其他手段对系统内部结构进行分析。通常动力学系统可以表示成线性或非线性微分方程组的形式。状态空间重构技术可以根据某一个变量的演化规律得到整个系统的演化规律。从工程实际的角度来说，对于超晶格系统，可将其一路输出信号重构到高维状态空间之中，并且重构得到的状态空间与原系统之间同胚，也就是原系统所具有的结构特征均将反映到重构状态空间之中。

因而，在研究超晶格的混沌特性之前必须首先将其输出混沌信号重构到高维状态空间之中[109-110]。

状态空间重构等价于将一维信号 $x_k = x(k\tau_s), k = 1, 2, \cdots, N$ 重构到欧式空间 $\mathbf{R}^m$ 之中。其中，m 为嵌入维，τ_s 为采样时间，N 为整数。通过重构，可以使欧式空间 $\mathbf{R}^m$ 中重构吸引子上的每一个点都能够保持原系统吸引子上对应点的拓扑性质。重构吸引子的标准方法是延迟坐标重构法（method of delays, MOD）。通过使用 MOD 方法，重构得到的每一个 m 维状态空间矢量的形式为 $\boldsymbol{x}_k = [x_k, x_{k+\rho}, \cdots, x_{k+(m-1)\rho}]^{\mathrm{T}}$。其中，$\rho$ 为 τ_s 的整数倍，因而延迟时间 $\tau =$

$\rho\tau_s^{[111]}$。每个 x_k 的 m 个坐标为从原始一维信号中的采样（采样间隔为 τ），覆盖的时间窗为 $\tau_w = (m-1)\tau$。

状态空间重构的概念最先由 Takens 提出，并且重构的概念最近又得到了进一步的发展，不再限制状态空间重构的维数 $m>2d+1$，其中 d 为原系统的分数维。Takens 的理论适用于无限长的无噪声信号数据。在实际中，由于仅能从非线性系统中测量得到有限多个含噪声的混沌信号，进行重构时嵌入维 m 和延迟时间 τ 的选择就尤为重要。现在存在很多种方法对这些参数进行估计（如互信息量算法[112]、自相关算法[113] 和高阶相关算法[114] 等），这些方法本质上均是基于经验的方法，并且不能提供最为合适的估计。这也是目前状态空间重构方法所遇到的一个典型的问题。

同时，利用状态空间重构算法对实际数据进行状态空间重构时仍存在很多的不确定性，D. Kugiumtzis 认为应当把 τ_w 当作一个独立的量，而不是像在 MOD 算法中关注两个相互关联的参数嵌入维 m 和延迟时间 τ。时间窗长度的确定是非常重要的，因为它在一定程度上决定了由信号传送到状态空间矢量信息的多少。对于一个给定的 τ_w，可以再选取足够大的嵌入维 m。时间窗 τ_w 的计算可选取文献 [115] 所设计的方法，但是经研究发现，缺乏这个参数求解的系统性的工作。状态空间重构的效果可以通过关联维来进行评估[116]。

基于 MOD 的状态空间重构算法在选取延迟时间 τ 时，其选取基本原则是保证 $x(t)$ 与 $x(t+\tau)$ 具有最小的相关性，主要是利用互信息法来实现，将 $x(t+\tau)$ 作为第二个重构得到的维度信息，其他维度信息与之时间间隔均为 τ 的整数倍。这样做将存在一定的问题，比如，延迟时间 τ 的选取可以保证 $x(t)$ 与 $x(t+\tau)$ 之间的相关性最小，但不能保证 $x(t)$ 与 $x(t+\tau)$ 之间均是具有很低的相关性的。因而，使重构得到吸引子各维度之间可能具有很强的相关性，从而使吸引子不能在状态空间中充分地展开。为了解决这个问题可以通过对重构状态空间的每个维度选取不同的维度保证各维度之间最大的不相关性即可。具体做法为：假定重构状态空间每个维度对应的延迟时间分别为 $\tau_1, \tau_2, \cdots,$ τ_m，m 为嵌入维。则在选取 τ_1 时必须保证 $x(t)$ 与 $x(t+\tau_1)$ 之间的相关性最差，在选取 τ_2 时必须保证 $x(t+\tau_2)$ 与 $x(t)$、$x(t+\tau_1)$ 之间的相关性最小，以此类推，新构造的维度必须与之前所有维度的相关性最小，从而保证了吸引子的充分展开[117]。

除了利用一维信号对状态空间进行重构，现实中还存在许多情况是能够同时获得系统的多组信号，利用多组信号可以同样对状态空间进行重构，该方法称为多元状态空间重构[118-119]。假设从同一系统得到多组信号为

$\{x_{i,n}\}_{n=1}^{N}, i=1,2,\cdots,p$ 则多元重构后得到

$$\boldsymbol{x}_n = (x_{1,n}, x_{1,n-\tau}, \cdots, x_{1,n-(m_1-1)\tau}, x_{2,n}, \cdots, x_{p,n-(m_p-1)\tau}) \tag{1.2}$$

式中：$m_1, m_2, \cdots, m_p$，$\tau_1, \tau_2, \cdots, \tau_p$ 分别为每个信号所对应的嵌入维和延迟时间。

另外，对于同时存在输入信号 $u(t)$ 和输出信号 $v(t)$ 的系统，可以同时利用输入输出信号实现状态空间的重构[120-121]。具体形式为

$$z(t) = \left[v(t-(k-1)\tau), \cdots, v(t-\tau), v(t), u(t-(l-1)\tau), \cdots, u(t-\tau), u(t) \right]$$
$$\tag{1.3}$$

对输入输出选择相同的延迟时间 τ，选择不同的嵌入维 k 和 l。利用输入输出信号进行重构的方法在机理上尚未完全证明，所以没有得到广泛的应用。

除了上述方法外，仍存在一些其他形式的重构算法，比如奇异值分解重构方法[122-124]等。综合上述分析，可以利用状态空间重构技术将超晶格输出进行重构，得到高维状态空间，利用重构状态空间与系统本身状态空间之间的同胚性质，可以通过对状态空间结构参数的分析从而实现对超晶格状态空间的分析。达到这一目的的前提条件，就是必须选择合适的状态空间特征建立状态空间结构与超晶格参数之间的联系。

◢ 1.4.3 状态空间结构特征提取

由前面分析可知，重构状态空间与超晶格状态空间是完全同胚的[125]。但要通过状态空间实现对超晶格参数的分析必须在状态空间中建立一定的能够反映状态空间典型结构的特征量，进而利用这些特征量实现对超晶格参数的分析。

吸引子在状态空间中特征量包括"微观"和"宏观"。微观指的是吸引子的局部精细结构，包括局部特征结构、切线空间、分数维和关联维等。而宏观则代表吸引子经过长期的演化在某些特征方面的平均值，如李雅普诺夫指数、熵等。针对不同的目的，可以采用不同的特征量来进行分析。下面对一些经典的状态空间特征进行介绍：

（1）李雅普诺夫指数[126]。混沌系统对初始条件非常敏感，如众所周知的蝴蝶效应。利用李雅普诺夫指数可以对这一现象进行描述。当 $\lambda<0$ 时，状态轨线将逐渐演化为稳定不动点或周期运动；当 $\lambda>0$ 时，状态轨线将最终演化为混沌吸引子。如果状态空间中同时存在稳定及不稳定因素，则状态轨线将不停地折叠扭曲最终形成奇异吸引子。因而 λ 可以作为判断系统是否混沌的依据，即只要 $\lambda>0$ 就可以判断系统是混沌的。

（2）分数维[127]。奇异吸引子在状态空间中反复拉伸折叠形成了无穷的自相似结构。奇异吸引子部分结构与整体之间相似结构称为分形（Fractal），分形的特点是分数维。出于分析问题角度的不同将分数维分成：①Hausdorff 维数；②关联维数；③自相似维；④盒维数；⑤李雅普诺夫维数；⑥信息维。

（3）Kolmogorov 熵[128]。熵最先用来描述热力学中的不可逆过程。信息论创始人克劳德·香农利用熵来描述信息的不确定性，而 Kolmogorov 进一步将信息熵的概念实际化，并用它来测量非线性系统动力学特性的混乱水平。

除此之外，还可以在状态空间中设计别的能够反映状态空间结构的特征量（预测误差、吸引子中心特征、可微性[129]等），用来描述状态空间的结构特征。

1.5 混沌学在超晶格真随机数发生器研究中的应用

半导体超晶格是一种用不同半导体材料所制成的具有人工周期结构的全固态电子器件。在满足一定条件时，超晶格可用作具有高维特性的理想混沌振荡器。其典型应用是作为信号源（如随机数发生器）产生频率范围在 0.1～10THz 内的混沌信号[130]。这个频段对于常规信号源往往是难以实现的，并且超晶格体积小、可集成、功耗低等优点使其具有十分重大的应用前景。通常半导体超晶格的自发混沌振荡现象仅能在液氮环境下观测到，极大地限制了超晶格的实际应用[131]。2012 年，中国科学院纳米所张耀辉团队在国际上率先发现了常温条件下超晶格自发混沌振荡现象[132]，从而使得超晶格的实际应用成为可能。但在实际应用时仍存在以下问题。

（1）超晶格具有多个能自发产生混沌振荡的直流偏置电压区间，但是每个区间的电压范围较窄，通常只有几毫伏左右，这就导致超晶格对偏置电压极为敏感，外部环境稍有变化，可能一个微弱的电磁扰动就会使输出混沌信号的基本特性发生变化，这就对超晶格应用的偏置电源的性能提出较高要求。

（2）由于制造工艺的限制使得制备得到的超晶格初始条件必然各不相同，超晶格将最终生长演化状态也会不同，会造成部分超晶格无法实现混沌振荡，存在比较高的次品率，这将会极大的增加生产成本，一定程度上限制了超晶格随机数的应用。

仅从制造工艺的角度将很难解决上述问题。本书拟采用混沌信号作为超晶格的偏置电压来尝试解决上述问题。近几十年非线性理论的快速发展必将会给超晶格器件的设计使用研究带来突破。混沌理论作为非线性理论的一个分支，形成了一整套研究方法、研究工具，已经能够解释许多复杂的非线性现象[135]。本书选择以混沌信号作为超晶格器件的激励信号，将主要研究使用非线性理论对超晶格性能改善分析时会遇到的无失真混沌信号降噪、高精度状态空间重构、激励信号形式选取、超晶格参数分析与设计等问题，并最终揭示输出混沌激励、超晶格参数与输出状态空间之间所具有的内在关联。从理论、实践上利用混沌激励实现超晶格混沌振荡稳定性的改善及输出信号混沌特性的增强。

为了将固体器件信号源的频率推进到毫米波频段，IBM 公司的 L. Esaki 和 R. Tsu 率先给出了半导体超晶格的概念设计[136]。半导体超晶格由多周期薄层材料组成，是一个具有高维特性的非线性动力学系统。其非线性特性主要来源于电子通过量子阱时级联共振隧穿效应所引入的负微分电导[137]。如果对超晶格施加合适的偏置电压，则会引起自发电流混沌振荡，从而输出混沌信号[138]。中国科学院苏州纳米所张耀辉团队通过抑制热激发载流子，提高量子限制，率先实现了常温下超晶格的混沌振荡，但仍存在对偏置电压要求较高、稳定性差的缺点。

为了克服上述缺点，部分研究人员尝试通过将直流偏置替换为信号激励来改善超晶格的性能。Lei Ying 等通过模型分析发现超晶格产生混沌振荡时将同时会伴随多稳态现象。同样外部参数设置下，初始条件的不同将有可能导致超晶格最终演化为不同的状态（混沌或非混沌），这种现象源自混沌系统对初值的极端敏感性。上述理论结果与实际实验相一致，在中国科学院苏州纳米所用完全相同材料、设备和参数设置生产出来的同一批超晶格器件并不是全部能够实现混沌振荡，而仅有部分能够最终实现混沌振荡，这是由于工艺的限制使制备得到的不同超晶格器件的初始条件各不相同。Lei Ying 通过仿真同时说明了，当选择一组具有不对称比例频率的信号对超晶格进行激励时，将会一定程度上降低超晶格的多稳态，从而提高超晶格器件产生混沌振荡的概率。并且当激励信号为随机信号时，不同初始条件的超晶格器件均产生混沌振荡的概率将会接近于 1。

此结论在实际实验中也得到验证。黄寓洋在实验中发现给超晶格施加随机噪声后超晶格将会发生随机共振[139]。他将此现象归结于随机噪声源与超晶格振荡器两种模式（阱对阱跳跃模式和多极运动模式）之间的相互作用。一个合适强度的噪声激励将会激发出超晶格振荡器的内在振荡模式。例如，激发阱对阱跳跃模式并且多极运动模式将会转化为准周期运动模式，从而产生相干共振。此外，M. Alvaro 等通过模型分析发现，超晶格内部及外部噪声将会增大其产生自激振荡时所需偏置电压的范围，并且加强超晶格产生自发混沌振荡的鲁棒性[140]。O. M. Bulashenko 等通过数值仿真研究说明当给超晶格偏置电压上叠加一幅度、频率可调的微波信号后其混沌动力学特性将会发生改变，并且选择合适的外部激励信号将有可能使超晶格产生周期运动，准周期运动及混沌[141]。上述分析中，线性激励信号无法完美解决超晶格多稳态现象，且缺乏实验验证。随机信号虽能解决多稳态，提高偏置电压范围，但由于难以生成足够稳定的噪声信号因而将对超晶格混沌振荡的稳定性及输出信号的鲁棒性造成影响。

混沌信号既为确定信号又具有随机信号的一些特性，如具有较宽频带、频谱空间分布稠密[142]，另外混沌信号相比噪声更容易用电路器件生成，故可用作激励信号来研究实现超晶格性能的提高。如图 1.5 所示，基于混沌激励源的超晶格系统模型主要由混沌激励源、超晶格系统、输出吸引子三部分组成。根据 Takens 定理，输出一维信号 u_o 可以重构得到 m（$m>2d+1$，d 为系统原始维数）维输出状态空间。重构状态空间与系统状态空间同胚，包含了所有的系统状态信息。

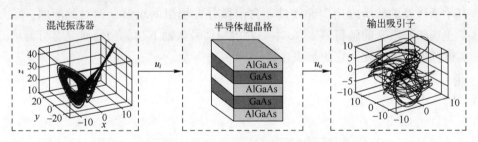

图 1.5　基于非线性激励源的超晶格振荡系统模型

本书同样研究了设计合适的混沌激励提高超晶格稳定性并改善输出混沌信号的性能。需要深入研究的是激励系统、半导体超晶格、输出混沌吸引子之间的内在联系及相互影响。混沌信号作为激励信号已有广泛深入的研究。信号处理方向诸多科研人员从理论上及实际实验上分析了滤波器对输入混沌信号基本特性的作用。其中最典型的影响是混沌信号的分数维将会发生变化，大多数情况下将会增加。分数维的变化反映了整个系统在状态空间中精细结构的变化。从信号与系统学的角度，超晶格同样可以看作一个非线性滤波器，从而建立超晶格与输出状态空间的联系。Nichols 通过对一系列混沌激励系统实验研究发现，被激励的李雅普诺夫指数谱的改变将会改变系统输出的维数。

同时，他利用不同的混沌信号作为被测系统的激励源并发现这种方法可以控制系统输出的维数[143]，也就是建立了一种混沌激励信号、被激励系统与输出混沌吸引子之间的外在联系。

基于此理论，Torkamani 利用超混沌信号进行改善，进一步使输出状态空间对被激励系统参数的变化更为敏感，并将此方法应用于被激励系统的故障诊断之中[144]。另外，对被激励系统施加反馈，将会引起被激励系统分叉点发生变化从而改变输出信号的状态。反馈的引入使整体系统演化为混沌的过程中出现更多的分叉，从而通过设计合适的反馈回路来产生合适的分叉点进而改变输出混沌信号的性能。分叉点的设计较为复杂，目前仅适用于一些简单的模型。同时，为了改善超晶格的输出性能，必须建立超晶格参数与输出混沌特性之间的联系，因而首先需要在输出状态空间中选择能够反映超晶格参数变化的特征量。例如，一些状态空间不变量（李雅普诺夫指数、空间维），或在状态空间中选取一些能够反映精细结构变化的特征量（测量误差、吸引子局部特征、连续性等）。

综上所述，目前对于混沌信号应用到超晶格的机理研究仍不够深入，对激励信号设计及超晶格参数与输入、输出在状态空间中联系的研究仍需探索其中所涉及的数学理论为非线性非自治微分方程组的求解。针对此问题，数学上尚未有整套的解析解[145]。本书对混沌信号激励下超晶格的研究有可能从实际问题出发寻找一定的解决途径。

第 2 章
超晶格理论基础

　　超晶格器件是制作真随机数发生器的关键核心器件。通过光刻、台面刻蚀、金属沉积等步骤，制得不同台面面积和形状的超晶格单管样品，并在实验室利用示波器观测到了超晶格的混沌振荡现象，可以作为下一步研究真随机数发生器的混沌熵源。

2.1　弱耦合超晶格

　　分子束外延（MBE）和金属有机物化学气相沉积（MOCVD）是两种常见的半导体多层薄膜制备技术，在衬底上实现原子级厚度的超薄层的精确生长。超晶格就是指由两种（或两种以上）组分（或导电类型）不同、厚度极小的薄层材料交替生长在一起而得到的一种多周期结构材料。交替生长的 GaAs 和 AlGaAs 材料具有不同的禁带宽度，分别构成了量子阱的阱和垒，GaAs/ AlAs 晶格结构如图 2.1 所示。

　　超晶格有弱耦合和强耦合之分，这是根据超晶格中电荷输运特点决定的。对于弱耦合超晶格来说，各量子阱中电子态一般只能扩展到相邻的一到两个量子阱，电荷的输运通过各个相邻量子阱间的共振隧穿实现。在弱耦合超晶格中，电荷被局限在各个量子阱中。想要提高混沌带宽，从物理上可以缩短电子的隧穿时间实现。因此，可以使用更薄的垒宽，缩短隧穿时间，达到提高混沌带宽的目的。但是垒宽不能无限制减小，必须同时兼顾弱耦合和高量子限制的需求。若垒太薄则会使得使超晶格变成强耦合，造成超晶格丧失超晶格级联共振隧穿的非线性来源。对于强耦合超晶格来说，量子阱内的电子波函数可以扩展到多个紧邻、甚至所有量子阱中，形成超晶格中的子带，由

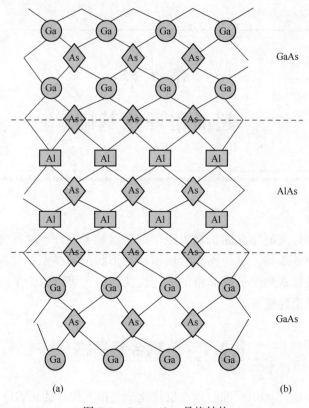

(a)   (b)

图 2.1　GaAs/AlAs 晶格结构

于强耦合导致了超晶格丧失级联共振隧穿的非线性，电子在沿量子阱晶格方向的输运是相干的。

2.2　弱耦合超晶格输运的基本建模

弱耦合超晶格中电子输运现象主要来自级联共振隧穿机制。这种输运模式要求量子阱中存在两个以上的束缚能级。隧穿过程如图 2.2 所示。

在 GaAs/AlGaAs 双势垒结构中，弱耦合超晶格通常有相对较宽的阱宽和垒宽，量子阱中一般存在两个或两个以上的子能级。当加上特定强度的均匀电场时，会使相邻量子阱的子能级间发生级联共振，即第 n 阱中基态能级与第 $n+1$ 阱中第一激发态子能级相等（共振），第 $n+1$ 个量子阱基态子能级又与第 $n+2$ 阱中第一激发态能级共振。因此，超晶格所有相邻量子阱间出现基

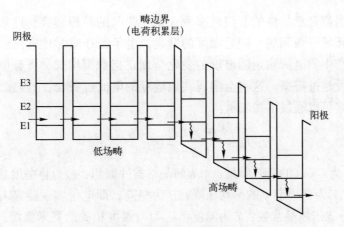

图 2.2 高低场畴及级联隧穿

态能级与第一激发态能级共振，位于激发态上的电子以很快的速度弛豫到基态能级上。这个弛豫过程远远快于电子共振隧穿过程。当偏置电压设置合适时，超晶格将出现混沌系统所特有的负阻现象。在 30K 温度下得到的 I–V 曲线上，出现锯齿区，如图 2.3 所示。主要原因在于畴边界处的载流子的不断穿越。此时的超晶格将出现电流峰，超晶格中相邻量子阱间，不仅基态与第一激发态之间可以发现级联共振，而且基态能级也可以与第二、三、四…子能级发生级联共振，甚至发生基态与势垒上方的扩展态发生级联共振，因此超晶格可以出现多个适合于电子纵向输运的偏置状态，这就出现多个微分电导区图像。

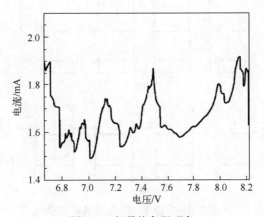

图 2.3 超晶格负阻现象

　　掺杂弱耦合超晶格的非线性来源于量子阱间的共振隧穿，通常这类现象仅在极端环境下观测到。随着温度的升高，电子跃迁时常伴有热激离子的发散，并且产生的电荷输运随温度的变化呈现正指数型增长，将有更多的载流子被热激发越过势垒。这将会削弱共振隧穿的电流峰谷比，其热激发电流大小决定因素可以通过下式表示：

$$I_{\text{th}} = \frac{e^2 m^* A \bar{v}_D}{\hbar^2 L} \Delta V e^{-(H-E_1-E_F)/kT} \tag{2.1}$$

式中：m^* 为 GaAs 的有效质量；A 为超晶格器件面积；v_D 为势垒顶处的有效漂移速度；ΔV 为其周期上的平均压降；H 为垒高，即电子实现隧穿需要达到的势垒；k 为波尔兹曼常数；T 为温度；E_F 为与温度相关的费米能级；$\hbar$ 为普朗克常数；L 为超晶格的周期；e 为电子电量；E_1 为基态能级。由式（2.1）可知，势垒越大，越能抑制热离子发散电流。图 2.4（a）和（b）所示分别为室温下势阱宽 7nm，势垒宽 4nm 的 GaAs/AlAs 超晶格和 GaAs/Al$_{0.45}$Ga$_{0.55}$As 超晶格的能带结构图。AlAs 是间接带隙半导体材料，势垒高度约为 110meV，来自 GaAs 阱中 Γ 谷的热激发电子可以较为容易地通过 AlAs 势垒中的 X 谷进行 Γ-X 通道的混合隧穿，这样就造成了背景电流的大量泄漏，掩盖了相邻量子阱间的共振隧穿电流，导致自发混沌振荡现象无法在室温下观测到。Al$_{0.45}$Ga$_{0.55}$As 势垒层是直接带隙半导体材料，势垒高度为 337 meV。降低 Γ 势垒高度的同时提升了 X 谷的高度，与 AlAs 材料相比 Γ-X 通道的势能高出了 227meV，

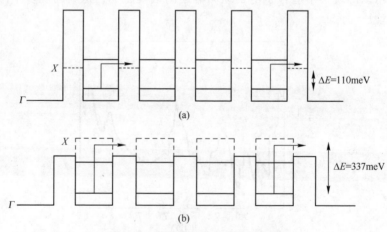

图 2.4　常温下两类超晶格能带图

（a）常温下 GaAs/AlAs 7nm/4nm 超晶格能带图；

（b）常温下 GaAs/Al$_{0.45}$Ga$_{0.55}$As 7nm/4nm 超晶格能带图。

在常温下基本与 GaAs 的 Γ 能级持平。根据式（2.1）计算，在 GaAs/Al$_{0.45}$Ga$_{0.55}$As 超晶格中，热粒子发散的能力仅为 GaAs/AlAs 超晶格的 $\exp(-(337-110)/26)=1.6\times10^{-4}$ 倍。因此，对于 GaAs/AlAs 超晶格来说，GaAs/Al$_{0.45}$Ga$_{0.55}$As 超晶格可以有效抑制背景漏电电流，有效维持室温下电子的顺序共振隧穿，提升其混沌振荡带来的非线性行为。

2.3 弱耦合超晶格作为高速噪声源的物理机理分析

实验表明，当掺杂处于中等浓度时，在外电路中将产生来自多阱共振隧穿输运过程的自维持电流振荡。超晶格振荡特性与超晶格设计时所选取的材料及设计的基本机构和使用时所加的偏置电压都有紧密的联系。

半导体超晶格可作为理想的高维非线性混沌振荡器使用。它由很多周期的薄层材料组成，虽然在设计时这些结构是一致的，但是在生长过程中，其层厚、掺杂浓度、准费米能级等不可避免地存在随机涨落，因此构成了一个高维的随机非线性系统。电子在通过这些阱时，由级联共振隧穿效应引入了负微分电导，使电场下电子的行为具有非线性特性。电子在共振隧穿之后，会完全失去自身的相位信息，形成一个非常复杂的随机过程。半导体超晶格自发电流混沌振荡是一种空-时混沌，这种自发电流混沌振荡具有如下特征：①幅度是随机的；②相位是随机的；③带宽能达到吉赫兹以上。这种自发电流混沌振荡因而十分适用于高速、高带宽的随机数发生器的熵源。理论计算[146]表明，在适当的偏压条件下，超晶格系统将出现混沌吸引子（图2.4），产生混沌振荡。利用此混沌振荡的电流信号，辅以噪声信号提取电路，即可用作高带宽噪声源。

超晶格共振隧穿在不同电压，温度下会产生两种不同形式振荡：周期振荡和混沌振荡，图2.5所示为理论分析得到的超晶格共振隧穿混沌振荡器件的预期特性。从图2.5（a）可以看到，在某些偏压下，频谱分布在一个较宽范围内，这些偏压对应的区域即混沌振荡区。从图2.5（b）可以看到，在偏压为0.081V时频谱的分布最为均匀，代表了一个较好的混沌振荡状态。而偏压为0.084V时，将会部分偏离混沌振荡区，在某些频率点没有振荡。即混沌振荡区范围较小，需要通过精心的材料设计和测试分析及其他途径从而达到最佳工作状态。

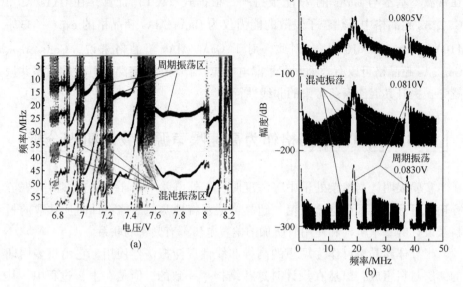

图 2.5　超晶格自激振荡预期特性

2.4　弱耦合超晶格的数学建模

超晶格相邻阱基态与第一激发态间的隧穿电流密度可以用下列公式表示：

$$J=edn_{3d}\left[1-\exp(-\Delta E_{12}/kT)\right]\frac{2\left|\Omega_{12}\right|^2}{1+\varepsilon^2\tau_{11}^2}\tau_{11} \tag{2.2}$$

式中：e 为电子电量；d 为超晶格的周期；n_{3d} 为电子体密度；ΔE_{12} 为基态与第一激发态之间的能级差；k 为波尔兹曼常数；T 为温度；Ω_{12} 为第 n 阱基态与 $n+1$ 阱第一激发态之间的跃迁矩阵元；$\varepsilon=eF_d-\Delta E_{12}$；$\tau_{11}$ 为电子的平面动量弛豫时间。

进一步，考虑由 n 个阱和 $n+1$ 个垒组成的完整超晶格结构，如图 2.6 所示，应分别满足高斯定律、安培定律、偏压条件和边界条件。

高斯定律

$$F^{(k)}-F^{(k-1)}=\frac{ed}{\varepsilon}(n^{(k)}-N_D) \tag{2.3}$$

安培定律

$$j=\varepsilon\frac{\mathrm{d}F^{(k)}}{\mathrm{d}t}+e\mu\cdot F^{(k)}\cdot n^{(k)} \tag{2.4}$$

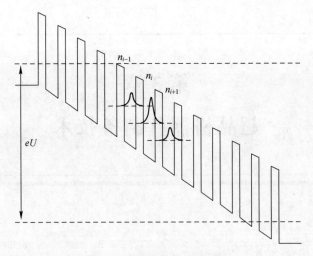

图 2.6 超晶格能带结构图

偏压条件

$$U_B = \sum_{k=1}^{N} F^{(k)} d \qquad (2.5)$$

边界条件

$$F^{(1)} - F^{(0)} = \frac{ed}{\varepsilon} c N_d \qquad (2.6)$$

式中：k 为阱的序号；$F(k)$ 为第 k 个垒中心的电场；$n(k)$ 为第 k 个阱的载流子浓度；N_d 为阱中掺杂浓度；d 为垒间宽度；ε 为材料介电常数；U_B 为外加偏压；c 为代表不同接触类型的待定常数；μ 为 GaAs 材料中的电子迁移率。

将式 (2.6) 代入式 (2.5)，合并以后可得电流密度与此电场之间的关系：

$$J = \frac{\varepsilon}{Nd} \frac{\mathrm{d}U_B}{\mathrm{d}t} + \frac{e\mu}{N} \sum_{k=1}^{N} n^{(k)} (F^{(k)}) \qquad (2.7)$$

式 (2.7) 表明，弱耦合超晶格中的振荡电流与超晶格的晶格周期、外加偏压、载流子浓度和电场分布密切相关。超晶格中这些大自由度参数的相互耦合和互相作用，使电流自发振荡具有混沌特性。

第 3 章
超晶格器件制备技术

3.1 材料生长、器件制备和测试

3.1.1 常温自发混沌振荡器件的材料设计

GaAs/AlAs 超晶格作为噪声源超晶格材料，掺杂的 GaAs/AlAs 超晶格的电导随偏压有周期性振荡行为，并且振荡的数目等于超晶格中量子阱的个数，而不等于负电导区数目。由此有了稳态高场畴概念。掺杂的偏置状态下超晶格中电场分布是不均匀的，分为两个电场均匀的区域，即高场畴、低场畴。光致发光的方法直接证实了掺杂的 GaAs/AlAs 超晶格高、低场畴的存在，通过磁输运的研究也证实了高场畴的边界是一种理想的二维至二维的隧穿系统。

为使超晶格满足人工周期性，可以有两种方案：一是用单一材料（如 GaAs）交替掺以 n 型和 p 型杂质 [图 3.1（a）]；二是用两种晶格匹配的材料（如 GaAs 和 $Al_xGa_{1-x}As$）交替生长。这时一种材料的带隙和另一种材料的带隙交叠，得到一周期变化的导带和价带边 [图 3.1（b）]。能带在两种材料界面的突变是超晶格的一个十分重要的特点，作为宽禁带隙材料的 AlAs 层中的电子和空穴将进入旁边的 GaAs 层，能量将处于 GaAs 材料的禁带隙内，电子和空穴被限制在其中，这种限制电子和空穴的特殊能带结构被形象地称为量子阱。超晶格中就包含了许多个这样的量子阱。

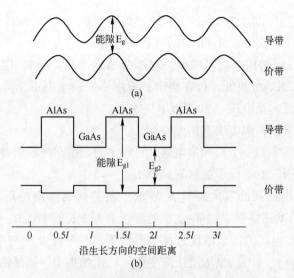

图 3.1　两类超晶格中导带边和价带边的变化

（a）掺杂超晶格；（b）组分超晶格。

超晶格纵向输运模式与四个能量标度有关：

（1）微带宽度 Δ；

（2）各种散射机构导致能级展宽 h/τ；

（3）外电场在相邻阱之间造成的势差 eFL；

（4）温度 kBT；

在半导体器件中，电子和产生它们的施主杂质处于同一空间内，它们之间相互作用，称为电离杂质散射。增加电子浓度也意味着增加施主浓度，从而导致更强烈的电子与施主的相互作用。在纯的 GaAs 中电子的最大速度为 $2.1 \times 10^7 \text{cm/s}$，但在掺有 10^7cm^{-3} 施主杂质的 GaAs 中，电子的速度降为 $1.7 \times 10^7 \text{cm/s}$。掺杂超晶格的优点还有：①任何一种半导体材料只要很好控制掺杂类型都可以做成超晶格；②多层结构的完整性非常好，由于掺杂量一般较小，杂质引起的晶格畸变也较小，掺杂超晶格中没有像组分超晶格那样明显的异质界面；③掺杂超晶格的有效能量隙可以具有从零到位调制的基体材料能量隙之间的任何值，取决于各分层厚度和掺杂浓度的选择。

材料结构设计是获得超晶格器件良好性能的基础。对超晶格材料进行了如下考虑。

（1）选用 AlAs 做势垒材料，因为 AlAs 势垒比 AlxGa1-xAs 势垒高有利于对非共振隧穿电流的抑制有利于提高 PVCR。

（2）势垒层厚度选为 4nm 因为势垒越薄，峰值电流 I_p 和峰值电流密度 J_p 就越大，有利于提高 PVCR 和工作速度。

（3）在 GaAs 势阱中间再增加一层掺杂 Si 的 GaAs 子阱，因子阱的带隙比 GaAs 窄，其基态能级更低。可在势阱总厚度不变的情况下，降低势阱基态能级，有利于降低起动电压 V_T 和峰值电压 V_P。

采用隔离层结构隔离层有两个作用。

（1）防止发射区（E）和集电区（C）中的杂质在外延温度下扩散进入势垒和势阱区，引起对载流子的散射降低 I_p。

（2）本身不掺杂的隔离层其 E_F 较低，在 E 区的隔离层形成一发射区子阱，使三维/二维隧穿变成二维/二维隧穿，有利于提高 PVCR。

发射区和集电区的掺杂浓度选择应考虑到串联电阻 R_s（与掺杂浓度反向）变化和并联电容 C_p（与掺杂浓度正向变化）之间的折中。超晶格器件由弱耦合的 GaAs/AlAs 超晶格材料工艺加工而成，弱耦合的 GaAs/AlAs 超晶格只在某一特定条件下会发生电流自激振荡。特定的掺杂浓度范围是产生电流振荡的必要条件。具体内容主要包括材料的成分、厚度和掺杂浓度掺杂种类等，具体如下。

整个材料呈三明治状，如图 3.2 所示，上、下两层是以 $2\times10^{18}\,\mathrm{cm}^{-3}$ 的高浓度掺入硅的 $Al_{0.45}Ga_{0.55}As$。中间夹层便为超晶格。这就形成了一个 n^+-n-n^+ 结构二极管。由 40 个周期的 AlAs/GaAs 层组成，每个周期中有一层厚度为 4nm 的 AlAs 势垒区，一层 9nm 的 GaAs 势阱区。GaAs 层中间的 5nm 硅掺杂浓度为 $3.0\times10^{17}\,\mathrm{cm}^{-3}$。

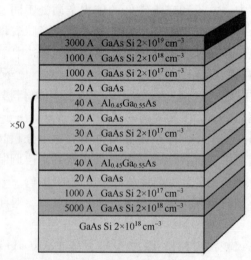

图 3.2　超晶格材料结构

Cap 层由掺硅的 n⁺型 AlGaAs 组成，掺杂有两个作用：一是形成一个电子源，提供大量电子向双势垒区注入；二是减小超晶格材料的串联电阻，提高频率和速度。

Cap 层/Buffer 层与其附近势垒区的隔离层起到的主要作用是隔离掺杂发射区中的杂质在高温下向势垒和势阱区扩散，结果大大提高了峰谷电流比。对于这种作用，隔离层一般用不掺杂的与发射区或阱区相同的材料。另外，隔离层还可以用来调整峰值电压。对于这种作用，夹层采用不掺杂或轻掺杂的与发射区不同的材料组成，其目的是在发射区和势垒之间形成一个垒前阱阱中能级也发生量子化。由发射区电子与垒中阱间共振隧穿变为垒前阱与垒中阱的二维对二维的共振隧穿，其结果是使峰值电压变小。与此相对应的发射区和势垒间也可加入预势垒层，其目的是减小超晶格材料的电流密度，实现低功耗。隔离层的宽度必须选择适当，宽度过小起不到隔离杂质扩散的作用，宽度过大会增加器件的串联电阻。势垒层是系统中的关键部分，该层应选择禁带宽度大，与发射区和阱区差别较大的材料制作。其目的是增加势垒高度的同时考虑发射区和阱区的晶格匹配问题，此层不掺杂。势阱层也是超晶格材料结构的关键结构之一，一般不掺杂，用低带隙材料如 GaAs 形成，阱区宽度越大，阱中分立能级越低。另外，一般在超晶格材料生长设计中，一般不掺杂层和轻掺杂应尽量薄一些，以免增加串联电阻影响器件性能。

由于选用 GaAs 基衬底材料进行超晶格材料的生长设计，考虑上述各种因素，决定选用 AlAs 作为势垒，GaAs 做量子阱，缓冲层和帽层用 n 型掺杂的 GaAs 实现，为了进一步提高器件性能，在 GaAs 层中间的 5nm 硅掺杂浓度为 $3.0 \times 10^{17} \mathrm{cm}^{-3}$。在设计和制备超晶格时，$\Gamma-X$ 通道散射系数设置为 0.45/0.55。在一定的偏置电压条件下，这样的能量结构可使电子能够获得到达势垒上方的能量，这个能量对应于布里渊区的高对称 X 点处，使载流子能通过 $\mathrm{Al}_{0.45}\mathrm{Ga}_{0.55}\mathrm{As}$ 的受限态而产生共振隧穿，抑制了背景漏电电流的泄漏。

超晶格材料设计完成后，使用 MBE 设备进行材料的生长，超晶格材料设计和分子束外延（MBE）生长所需解决的关键科学问题是：①抑制热激发载流子泄漏，增强量子限制；②增加系统自由度；③减少隧穿时间，关键科学问题的解决主要依靠材料设计和生长来实现，材料设计和生长是关键的步骤。通过理论计算，研究在保持超晶格弱耦合性质的前提下，尽可能地提高量子限制效应，抑制室温条件下的热激发电子泄漏。通过调节掺杂浓度，研究使用界面缓冲层等手段，降低材料的载流子散射，同时使用 MBE 进行材料生长工作。

弱耦合超晶格的材料体系为 GaAs/AlAs 结构。采用这种结构可以产生尽可能大的禁带宽度差，实现性能较好的自发振荡。此外，这种材料体系的研究比较充分，生长技术比较成熟。

超晶格中的自发混沌振荡来源于系统的非线性，根源是超晶格阱间的级联共振隧穿。随着温度的增加，超晶格器件中的非线性会呈指数级减弱，主要原因是温度增加造成更多的载流子被激发越过势垒而泄漏形成漏电流，造成共振隧穿的峰谷比减小，非线性减弱。由于热激发而产生漏电流与温度成指数关系，具体为

$$I_{\text{leakage}} \propto \exp(-\Delta E/kT) \tag{3.1}$$

式中：ΔE 为有效的势垒高度。为了最大限度地抑制热激发载流子，由式（3.1）可见，势垒高度应越大越好。因此，GaAs/AlAs 超晶格在之前的试验中被广泛应用。然而，虽然试验在常温下观测到了自发周期振荡，但是一直没有观测到常温下的自发混沌振荡。主要原因是，AlAs 是间接带隙半导体。理论和试验均表明，来自 GaAs 阱中 Γ 谷的热激发电子可以通过 AlAs 垒中的 X 谷进行 Γ-X 混合隧穿造成泄漏，从而导致系统的非线性减弱。这是造成 GaAs/AlAs 超晶格中的非线性达不到自发混沌要求的主要原因。图 3.3（a）和（b）所示分别为在 30K 和 50K 温度下弱耦合超晶格的自发混沌频谱图和时间平均 I-V 特性图[147]。图中可以清楚地看到，随着温度的增加，自发混沌的窗口变窄，而且 I-V 特性曲线上的峰谷比减小，表明超晶格的非线性特性随着温度升高急剧减弱，造成实现常温自发混沌振荡的困难。

为了克服以上困难，实现弱耦合超晶格自发混沌振荡，在材料设计中着重考虑了以下手段。

（1）抑制热激发载流子，提高量子限制。

创新性提出使用 GaAs/Al$_{0.45}$Ga$_{0.55}$As 超晶格代替 GaAs/AlAs 超晶格。常温下 GaAs/AlAs 超晶格和 GaAs/Al$_{0.45}$Ga$_{0.55}$As 超晶格的阱宽均为 7nm，垒宽均为 4nm。从图 3.4 中可以看出，Al$_{0.45}$Ga$_{0.55}$As 势垒层是直接带隙材料，势垒高度达到 390meV。虽然它的 Γ 势垒比 AlAs 材料要低，但是，它的 X 谷比 AlAs 材料上升了很多，在常温下基本与 GaAs 的 Γ 能级持平。根据式（3.1）可以估算，使用 GaAs/Al$_{0.45}$Ga$_{0.55}$As 超晶格后，热激发载流子漏电流是使用 GaAs/AlAs 超晶格的 $\exp(-(337-110)/26)=1.6\times10^{-4}$ 倍。因此，可以有效抑制热激发载流子的泄漏，保持常温自发混沌振荡需要的非线性。

（2）增加超晶格非线性度，减小阱间电子隧穿时长，从而对输出混沌信号的性能进行改善。

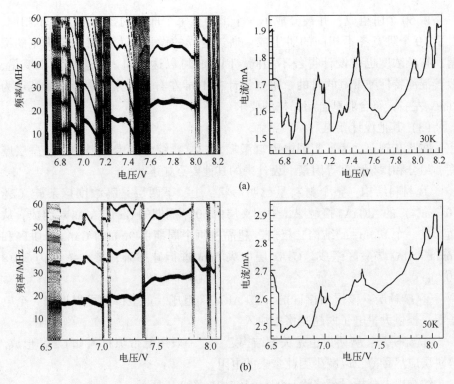

图 3.3 （a）30K、（b）50K 温度下 GaAs/AlAs 9nm/4nm
弱耦合超晶格频谱图和 I-V 特性

半导体弱耦合超晶格中，由于晶格周期、掺杂浓度、晶格界面态、缺陷密度等涨落因素的存在，使该器件成为一个具有大自由度的动态非线性系统，从而能够产生自发混沌振荡，并作为高质量随机数发生器。为了能够增强其混沌效应，提高自发混沌振荡的带宽，使系统更为混乱和随机，在材料生长时引入人工的涨落，使系统更为混乱和随机。例如，相比之前设计相同的 50 周期超晶格，可以探索人为引入涨落，使阱宽、掺杂浓度等关键参数各不相同。

提高混沌带宽，从物理上说可以缩短电子的隧穿时间。为此，可以探索进一步使用更薄的垒宽，缩短隧穿时间，达到提高混沌带宽的目的。但是垒宽也不能无限减小，必须同时兼顾弱耦合和高量子限制的需求。若垒太薄使超晶格变成强耦合，则将丧失弱耦合超晶格级联共振隧穿的非线性来源。

结合以上分析，设计图 3.4 所示的材料结构。在这个设计中，弱耦合超晶格由 50 个阱组成，并被分成了 5 个部分。每个部分的掺杂浓度各不相同，并由 10 个阱宽各不相同的阱组成。通过这样的设计，人为引入了阱宽的涨落，掺杂浓度也被设计得各不相同。因此，可以达到引入更多的自由变量、改善混沌特性和带宽的目的。阱宽设计在 4nm 左右，计算得耦合微带宽度为 2meV 左右，符合弱耦合超晶格的要求。

（3）其他设计要点。

在此基础上，为了实现电流自激振荡，需要综合考虑材料的阱、垒层厚度、组分和掺杂浓度等因素。设计中的其他要点如下。

① 材料结构：整个材料呈三明治状，上、下两层是高浓度掺杂硅（$2 \times 10^{19} \, cm^{-3}$）的 AlGaAs 接触层，中间夹层由 50 个周期的 GaAs/AlAs 层组成，从而形成一个 n^+-n-n^+ 结构二极管。超晶格每个周期由 9nm 的 GaAs 势阱区和 4nm 的 AlAs 势垒区组成。GaAs 层中央 5nm 进行硅掺杂，掺杂浓度为 $2.0 \times 10^{17} \, cm^{-3}$。

② 接触层：该层由掺硅的 n^+ 型 AlGaAs 组成。重型掺杂可以形成一个电子源，提供大量电子向超晶格中注入。

③ 势阱层：势阱层也是关键结构之一。一般用低带隙材料如 GaAs 形成。势阱层应尽量薄，以减少因此带来的电阻。

综合以上分析，最终设计的材料结构如图 3.4 所示。

▲3.1.2 材料 MOCVD 生长

MBE 材料生长技术是 20 世纪 70 年代由美国的贝尔实验室开创的超薄层的材料生长技术，在半导体微纳器件的制备中扮演着重要的角色。MBE 实质上是一种材料的真空蒸发技术，由于真空蒸发导致的气相的分子密度较低，使 MBE 生长材料的速度极慢，技术指标可以达到纳米级别。MBE 技术的发展极大程度上促进了半导体异质结和量子器件等重要技术的突破。

MBE 的生长机理示意如图 3.5 所示，在超真空下，源炉中的高纯度源在适当温度下会从材料表面蒸发出来，喷射到衬底表面，喷射出来的原子在衬底表面发生一系列的吸附、迁移、结合等反应后，在衬底上生长出超薄的薄膜材料。MBE 生长技术有如下几个显著特点。

（1）在超真空的条件下（一般指 $1.33 \times 10^{-7} \, Pa$ 以下的真空），对原材料的纯度要求极高，以便精确控制所生长出来的超薄层的厚度和材料的纯度。

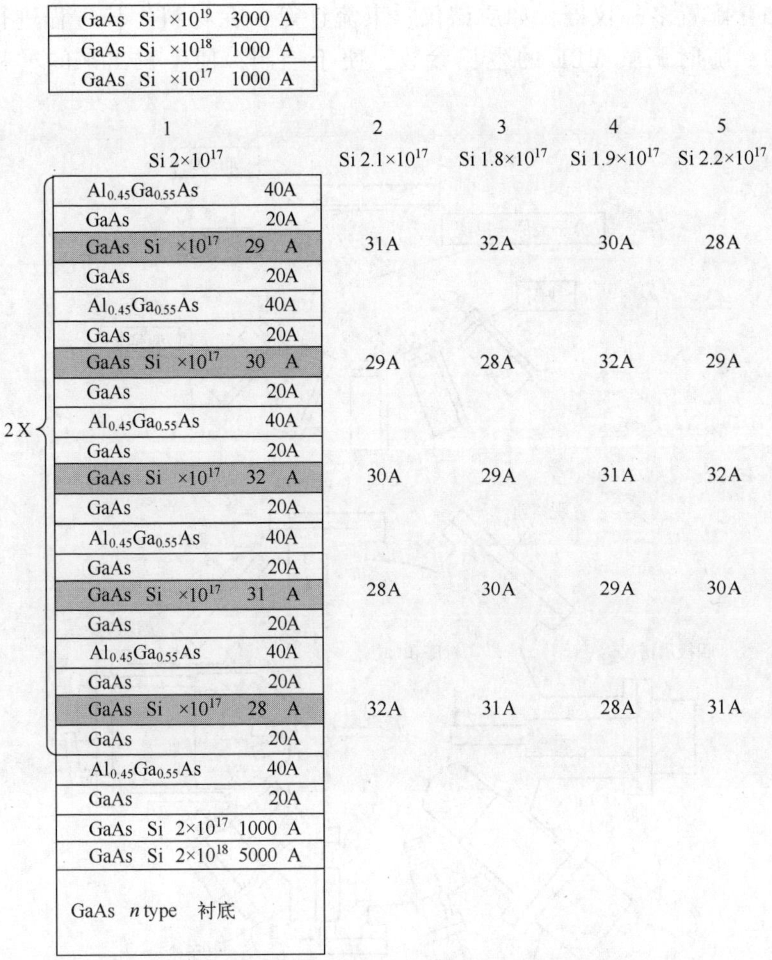

层结构	1 Si 2×10^{17}	2 Si 2.1×10^{17}	3 Si 1.8×10^{17}	4 Si 1.9×10^{17}	5 Si 2.2×10^{17}
GaAs Si ×10^{19} 3000 A					
GaAs Si ×10^{18} 1000 A					
GaAs Si ×10^{17} 1000 A					
Al$_{0.45}$Ga$_{0.55}$As 40A					
GaAs 20A					
GaAs Si ×10^{17} 29 A		31A	32A	30A	28A
GaAs 20A					
Al$_{0.45}$Ga$_{0.55}$As 40A					
GaAs 20A					
GaAs Si ×10^{17} 30 A		29A	28A	32A	29A
GaAs 20A					
Al$_{0.45}$Ga$_{0.55}$As 40A					
GaAs 20A					
GaAs Si ×10^{17} 32 A		30A	29A	31A	32A
GaAs 20A					
Al$_{0.45}$Ga$_{0.55}$As 40A					
GaAs 20A					
GaAs Si ×10^{17} 31 A		28A	30A	29A	30A
GaAs 20A					
Al$_{0.45}$Ga$_{0.55}$As 40A					
GaAs 20A					
GaAs Si ×10^{17} 28 A		32A	31A	28A	31A
GaAs 20A					
Al$_{0.45}$Ga$_{0.55}$As 40A					
GaAs 20A					
GaAs Si 2×10^{17} 1000 A					
GaAs Si 2×10^{18} 5000 A					
GaAs n type 衬底					

（2X 表示重复区域）

图 3.4　增加自由度和缩短隧穿时间的弱耦合超晶格结构设计

（2）与其他一般蒸发技术相比，由于 MBE 的超真空前提条件，避免了残留气体中的杂质的影响，分子从喷射炉出来到达衬底的过程中，不会与残留气体杂质碰撞，故可以降低其生长速度（0.1~1 nm/s），达到精确控制厚度的目的。

（3）生长温度较低，层间的扩散效应较小，降低热膨胀导致的晶格失配，各层之间的组分分明，可以生长出超精细的异质结。

（4）可以瞬间控制材料生长的开始与中断，故能生长厚度极小的薄膜层。

（5）配置多种仪器，如质谱仪、束流计等，在材料生长过程进行中实时监测，随时调整 MBE 的生长参数，便于控制，使生长出来的材料均匀可控。

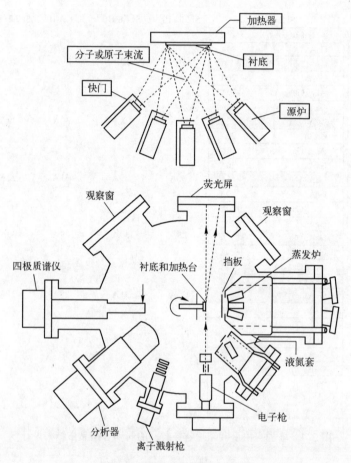

图 3.5　MBE 生长机理示意图

此外，GaAs 和 AlAs 材料的晶格常数分别为 0.5653nm 和 0.5662nm，而 AlGaAs 晶格常数大于 GaAs 但小于 AlAs，是两种晶格匹配的材料，晶格失配比小于 0.20%。利用 MBE 技术可生长出规整的界面，减少缺陷导致的性能偏差。

在生长过程中，衬底温度是一个极为重要的参数，影响着外延层材料的脱附系数。一般在生长 GaAs 层时，控制衬底温度在 600～625℃。在高于 630℃时，随着温度升高，原子的脱附系数会增大，减小生长系数。但此时 As

原子的脱附率比 Ga 原子的脱附率增加更为明显，使生长的 Ga 比 As 原子多，呈现出卵状缺陷。当温度低于 600℃时，由于原子的迁移率较低，容易出现原子团、空位等。在生长 $Al_{0.45}Ga_{0.55}As$ 层时，一般将衬底温度升高到 700℃。当温度较低时，Al 的迁移速率较低，容易导致三维岛状生长。故而，在生长不同的外延层材料时，应严格控制其衬底温度。按照 $GaAs/Al_{0.45}Ga_{0.55}As$ 超晶格设计结构和 MBE 的生长特性，其生长的流程图如图 3.6 所示。

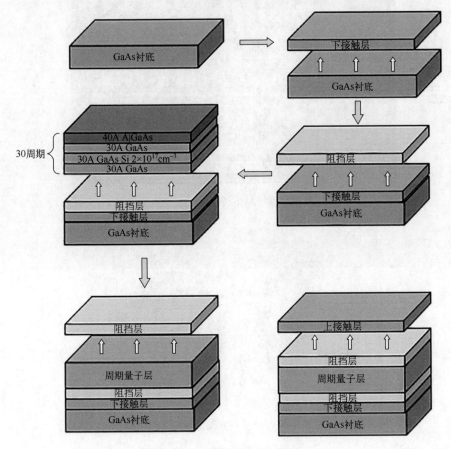

图 3.6 超晶格材料生长流程图

材料设计完成后，使用 Aixtron 200/4 MOCVD 系统完成了外延结构的生长。生长设备和生长好的外延材料分别如图 3.7、图 3.8 所示。

超晶格材料在生长完成后，还需要经过光刻、台面刻蚀、电极制作、划片、键合等工艺，最后进行封装，才能制成便于应用的超晶格器件。超晶格器件的制备通过传统的集成电路工艺就可完成。其光刻板尺寸如图3.9所示，最中间的是边长为$70\mu m$的正方形肖特基接触区。白色中的深色区域是刻蚀出来的台面，白色为欧姆接触区的间隔区，白色外的深色区是欧姆接触区。

图3.7　用于超晶格器件材料生长的 Aixtron 200/4 MOCVD 系统

图3.8　生长完成的低温和常温混沌振荡超晶格材料

　　为了工艺便利性和利用最大化，并考虑到现在比较流行的 DIP8 封装，便于后续的测试与使用，用包含 8×8 个器件的 5 mm×5 mm 的小片进行制作，最终将 2×2 的器件阵列进行独立封装，如图3.10 所示，每个器件中包含 4 个超晶格，每个超晶格由阴、阳极两个管脚，最终 DIP8 封装的实物图如图3.11 所示。至此，掺杂弱耦合 $GaAs/Al_{0.45}Ga_{0.55}As$ 超晶格设计完成。

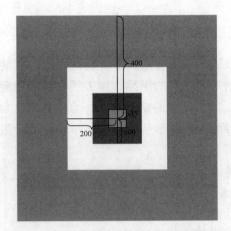

图 3.9　器件尺寸光刻示意图（单位：μm）

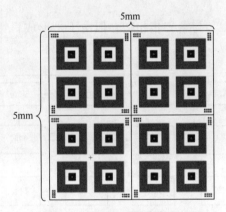

图 3.10　超晶格器件封装尺寸

图 3.11　超晶格 DIP8 封装的实物图

▲3.1.3 超晶格器件制备

材料生长完毕以后，还需要制成单管器件和进行封装以后才能够进行相关测试。利用苏州纳米所先进的半导体加工平台，使用现代的半导体微纳加工手段，可以实现亚微米尺度的精细加工。通过光刻、台面刻蚀、金属沉积等步骤，制得不同台面面积和形状的超晶格单管样品。最后将样品固定在管壳上并引线至外壳用于测试。

器件制作工艺具体分为五步，如图3.12所示。

（1）切片：将材料切片成10mm×10mm的小片。

（2）台面刻蚀：进行光刻，形成台面。

（3）欧姆接触：进行光刻、镀膜、剥离、退火工艺，在衬底上形成欧姆接触。

（4）肖特基接触：与第三步相似，但由于是形成肖特基接触，故去掉退火一步。

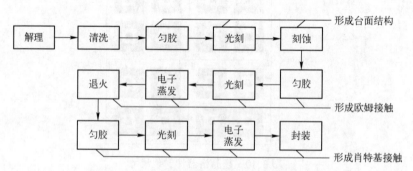

图3.12　器件制作工艺流程

最后得到的界面结构如图3.13所示。

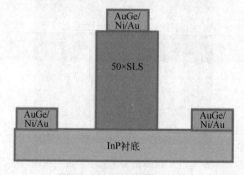

图3.13　超晶格截面结构

制成的器件芯片如图 3.14（顶视图）所示。

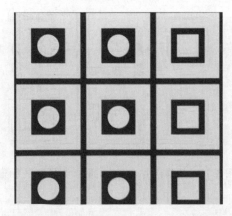

图 3.14　制得的超晶格器件（3×3 阵列，大小约 10mm×10mm）

（5）进行引线键合并封装：器件的两极用金线分别引出连接到封装盒的焊盘上，测试时将器件管脚焊接到电板上与电路相连，如图 3.15 所示。

图 3.15　进行封装以后的超晶格器件

3.2　器件性能测试

3.2.1　测试系统

在实验室环境下对超晶格器件的性能进行测试，主要包括对输出混沌信号时域及频域分析。测试系统如图 3.16 所示。连接线路采用高频线缆，接头为 SMA 接头，采样电阻为 50Ω 精确负载。偏置电源采用微调直流电源。

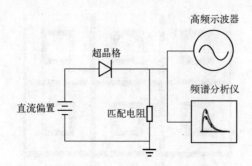

图 3.16　超晶格混沌振荡的时、频域测试系统

▲3.2.2　测试结果

部分制备得到的超晶格能够产生混沌自激现象。图 3.17 所示为能够产生自激超晶格振荡器件的 I-V 特性曲线。由图可见，有平台和负阻区域，从而满足自发混沌振荡的必要条件，是实现常温混沌随机数的一个重要前提条件。但同时负阻区是比较窄且其负阻变化趋势复杂，而在实际测试中发现超晶格真正产生混沌自激所对应的偏置电压范围是非常窄的，通常只有几十毫伏。超晶格器件的性能也极易受温度影响。

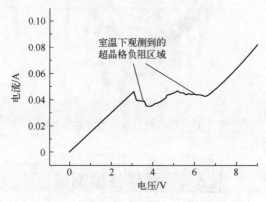

图 3.17　超晶格常温下所具有的负阻特性

图 3.18 所示为合格超晶格器件的振荡时域波形。可见，超晶格自发振荡是一个随机混乱的波形，由外部的慢速振荡包络和内部的快速振荡信号组成。需要提取的随机数信号包含在慢速振荡包络里，但频率较低，仅为数十赫兹量级。振荡幅度也较小，在 108~115mV 振荡。

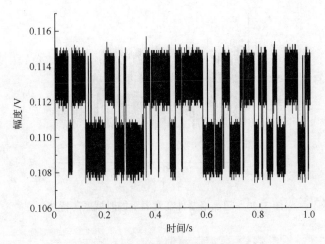

图 3.18 低温下超晶格自激振荡

　　图 3.19~图 3.21 所示为样品的频域和时域图。由图可以清楚地看到，超晶格器件电流自发混沌振荡的频域很宽，带宽达吉赫兹量级。相应地，时域信号较为混乱，这证明了在常温下有较好的混沌振荡特性。最小时间间隔在纳秒量级，这证明了产生高速随机数的能力很强，每秒能够生成吉比特的随机数。

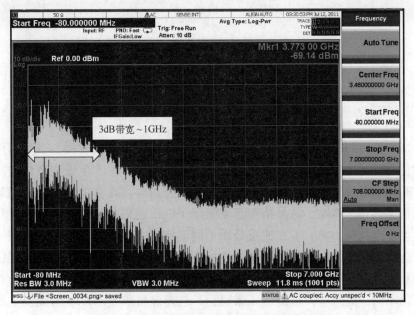

图 3.19 超晶格器件在常温下的频域振荡特性

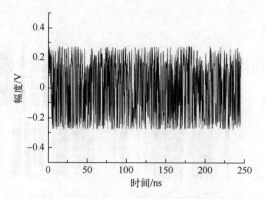

图 3.20 超晶格器件在常温下的时域振荡特性

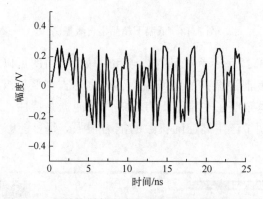

图 3.21 超晶格器件在常温下的时域振荡特性细节

3.3 超晶格器件稳定性

随着研究的持续推进，超晶格许多良好的特性不断被发掘，引发了热烈的讨论和广泛的应用。超晶格具有物理不可克隆性、可产生较宽频谱的混沌振荡行为，以及低成本、全固态等优势，成为当今物理真随机数和密码学领域的研究热点。然而，超晶格在直流激励下的混沌振荡特性不稳定，极易受环境温度变化的影响。本章通过分析不同温度下超晶格输出信号的时域、频域变化，量化采样后产生序列随机性的变化，对超晶格混沌振荡的温度稳定性进行了研究。结果表明，不同温度下激发超晶格引起自发混沌振荡的直流偏压值不同；而对于特定的偏压来说，一旦超晶格所处的环境温度发生改变（升高或降低）就会导致熵值急剧减少，输出序列无法通过 NIST 等国际随机数测试标准，随机性能严重降低。当温度高于某个阈值时，超晶格的混沌振荡状态消失，器件无法继续工作。针对上述现象，通过分析超晶格微观状态的变化和电子跃迁行为给出了详细的解释。

▲3.3.1 超晶格温度稳定性实验测试

混沌振荡现象被从液氮环境提高到室温下，这使超晶格真随机数技术和密码技术在信息安全等领域的推广使用成为可能，但其稳定性是实用化的关键问题所在，目前缺乏相关研究。在实际应用中，由于设备的不完善和其他因素，超晶格所处的环境温度并不是一成不变的，这将直接影响输出序列的随机性，甚至无法满足安全性要求。出于稳定性研究的考虑，对不同温度下超晶格的混沌振荡行为实验设计，并对其进行分析。

根据 $GaAs/Al_{0.45}Ga_{0.55}As$ 掺杂弱耦合超晶格在室温下产生自发电流混沌振荡的原理，实验电路设计如图 3.22 所示。由于超晶格器件产生自发混沌振荡的电压区间较窄，并考虑到温度的影响，对偏压的精度要求较高。在测试中，使用 Keithley 2280S 的高精度直流电源（high accuracy power supply，HAPS）对超晶格的偏压进行实时调控。为了提高供电的纯度，直流电压需要先通过

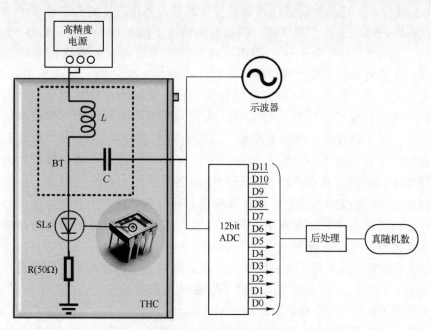

图 3.22 温度影响超晶格混沌振荡实验电路图

一个三端口直流偏置器（bias tee，BT）来驱动超晶格发生信号。BT 的直流（direct current，DC）端口由一个反馈电感组成，用于对超晶格施加直流偏置电压，起到隔离射频（radio frequency，RF）端口的交流信号混叠到半导体超晶格中，提高供电纯度和干扰因素的作用。理想条件下，电感的隔交作用不会影响射频信号的输出。RF 端口由一个阻挡电容组成，可以阻挡直流偏置电压的干扰，有效保证射频信号的输入；RF&DC 端口连接到超晶格设备，该端口可以同时看到超晶格的直流偏置电压和射频信号。整个自发混沌振荡系统由带宽为 6 GHz 的 SMA 同轴电缆进行连接，在电路末端匹配 50Ω 的同轴负载用于接地。超晶格的环境温度由高低温交变湿热试验箱（high and low temperature chamber，HLTC）调节。引出一路信号连接到 Lecroy-HDO-9404-MS 示波器（oscilloscope，OSC），对信号进行高精度观察和准确分析。

▶ 3.3.2 超晶格输出信号分析

伏安特性曲线可体现超晶格空间分布动力系统的重要信息，对于环境温度的变化来说，I-V 特性曲线将直观地反映超晶格电子系统的演变规律，实验在-30~120℃的环境下进行了测试。图 3.23 给出了不同温度下典型的 I-V 曲线分布。超晶格的非线性典型特征表现为多稳态，即会出现多个自发混沌振荡的电压工作点及区间。即当电压到达了约 0.650V 时，直流电上升至约 5.80mA，此时电子迅速积累；随着电压的增加，电流反而下降至约 3mA，这是由于电子吸收能量将逐步到达势阱中的基态 E1；持续增加电压，电流平稳上升，此时将形成稳定电场畴。高、低场畴的分界明显，其中低场畴的能级呈现对齐状态，高场畴的能级因发生共振而错落。持续增加偏置电压，电子将在量子阱边界积累。当外加偏压超过 3.225V 时，电荷积累层将隧穿至相邻的下一个共振量子阱中，在 I-V 曲线上表现出峰值。当偏压持续增加时，超晶格将产生多个微小的负阻区间，称为多稳态。值得注意的是，I-V 曲线中出现电子共振隧穿引起的电流峰是产生混沌振荡的必要条件。在这些振荡尖峰分布区间内，选取合适偏压值将可能引发超晶格的非线性电流混沌振荡行为。

实验发现，超晶格工作温度变化产生的影响直接体现在 I-V 特性曲线的走向上。如图 3.23 所示，当 $T<90$℃时，曲线随温度的升高会向左上方偏移，但呈现的规律与上述曲线特点大致相同。据此可推测，在一定的温度范围内，超晶格均可表现出这种自发的电流混沌振荡。然而，不同温度下的超晶格混沌振荡电压点不同。表现为混沌振荡电压区间随温度的升高而降低。当 $T \geq$

90℃时，电流振荡尖峰完全消失，随偏压的增加电流几乎保持不变，超晶格无混沌振荡现象。也就是说，当温度超过某个阈值时，将无法提供非线性行为。无论是否可以产生混沌振荡，温度的变化都将直接对产生的信号和输出序列产生影响。

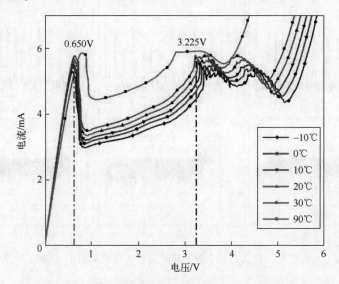

图 3.23 不同温度下超晶格 *I-V* 特性曲线

为了观察温度因素对超晶格输出信号的影响，实验进行了大量的温度测试（-30~120℃）。出于更直观的考虑，选取某一温度下的混沌点，对比环境温度升高或降低的状态变化进行分析。在室温 20℃ 下、直流偏压为 3.455V，此时超晶格进入经典的混沌振荡状态。分别调节 HLTC 的环境温度为 10℃ 和 30℃，得到温度变化下的信号时序图和对应的功率谱图。在图 3.24 （a）（c）中，对应的环境温度为 10℃ 和 30℃，尽管幅值略有不同，但是其形状基本保持一致，可以认为是一种类周期信号；对应的功率谱图在高次谐波处出现了功率高峰值，这都反映了明显非正弦准周期信号的特征。在图 3.24 （b）中，对应的环境温度为 20℃，时域上信号幅度随时间的变化并无明显的规律出现，对应功率谱图展现的频谱缓而宽，并且较为光滑，无高次谐波，这是典型的混沌信号特征。这证明环境温度的变化会使超晶格的振荡状态发生转移。

超晶格信号经由 ADC 采样，并通过后处理技术进行量化以输出序列。后处理技术的引入降低了数学统计上的微弱偏差，并增强了序列的随机性能，同时没有引入任何额外的相关性[59]。为了量化在上述三个温度下获得的序列的相关性，在图 3.25 中描述了超晶格信号的一阶相关系数[60]。假设超晶格的输出序列为 $x(n)$，按照时间序列的理论和分析方法可认为：随机序列由一个特定的定值和一个随机项组成，则 $x(n)$ 序列可表示为

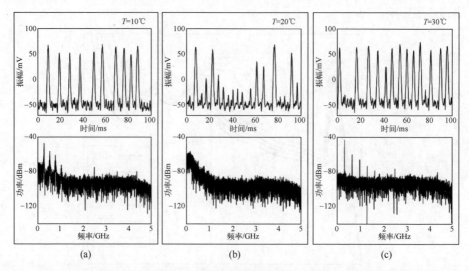

图 3.24　不同温度下超晶格产生信号的时间轨迹和功率谱图（偏压为 3.455V）

$$x(n) = \Delta + U_n \tag{3.2}$$

式中：Δ 为属于该序列的特定定值；U_n 为 n 时刻的随机权项。则一阶自相关系数可定义为

$$\rho(n) = \frac{\text{cov}[X(n), X(n+1)]}{\sqrt{DX(n)}\sqrt{DX(n+1)}} = \frac{\text{cov}(U_n, U_{n+1})}{\sqrt{DU_n}\sqrt{DU_{n+1}}} \tag{3.3}$$

式中：cov 表示协方差；D 表示方差。在偏置电压为 3.455V 时，统计 1Gbit 超晶格输出的数据发现，该数据的随机项服从高斯分布[61]。根据假设检验，如果 $x(n)$ 是一个真随机序列，则一阶自相关系数应满足 $|\rho(n)| \leqslant 3\sigma$，其中 3σ 为 3 个标准差，其置信水平为 99.7%，也就是说相关系数在此范围内的数据是真随机数的概率为 99.7%[62]。若超出此范围，认为该数据是真随机序列的概率为 3%，则该数据具有相当的相关性。在图 3.25 中，$T=10℃$ 和 $30℃$ 的相关系数的绝对值在理想曲线上下波动，超过了 3σ。当 $T=20℃$ 时，$|\rho(n)|$ 总是低于 $3n^{1/2}$。从这个结果可以得出结论，超晶格信号在 20℃ 时没有周期性的相关性，然而在其他温度下的信号则更有相关性，这与图 3.25 的结论相吻合。

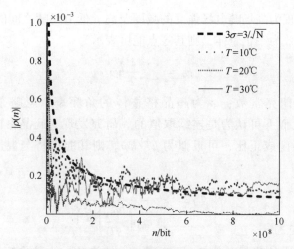

图 3.25　不同温度下超晶格序列的一阶自相关系数

为了进一步确认温度对超晶格振荡类型的影响，引入了混沌吸引子，它从相空间的角度描述了系统向某个稳定状态演变的趋势。当偏置电压选择为 3.455 V 时，图 3.26 中超晶格输出信号的相空间重构产生了与（a）、（b）和（c）对应的吸引子，分别为 10℃、20℃和 30℃。（a）和（b）表现出了明显的整数维环形表面，此时超晶格系统进入类周期振荡状态，信号为非正弦波周期性。（c）映射出了复杂的拉伸和扭曲的结构，整个平面分布较为完整，这是典型的混沌系统和非周期性的信号特征。与上述结论均吻合。

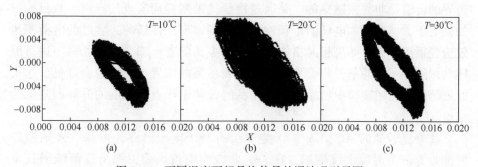

图 3.26　不同温度下超晶格信号的混沌吸引子图

▲3.3.3　温度对超晶格混沌振荡的稳定性分析

超晶格是具有量子效应的电子器件，当温度变化时，高、低场畴区域将

发生形变。表现为高场畴电场强度的减弱及高、低电场畴之间的电势差减小。若将超晶格等效为一个整体，则其零点能可表示为

$$E_0 = \sum \frac{1}{2}\hbar\omega_s \tag{3.4}$$

式中：$\hbar$ 为普朗克常数；ω_s 为超晶格整体的角频率，忽略杂质等散射情况，在简谐近似下可认为是连续取值的。研究发现，超晶格内发生散射的声子数目与温度成正比，可近似为 $kT/\hbar\omega$。则其能级将与温度有关，可描述为

$$E(T) = \sum \frac{\hbar\omega_s}{\exp\left(\dfrac{\hbar\omega_s}{kT}\right) - 1} \tag{3.5}$$

由于单位 ω 的范围内含有 E（E 为 ω 处的能量）的声子态数是 $g(\omega)$，则可对式（3.5）中的 ω_s 求积分：

$$E(T) = \int_0^\omega \frac{\hbar\omega_s}{\exp\left(\dfrac{\hbar\omega_s}{kT}\right) - 1}g(\omega_s)\,\mathrm{d}\omega_s \tag{3.6}$$

显然，$g(\omega_s)$ 表达的是超晶格整体系统的声子态密度。根据式（3.6）进行计算，图 3.27 显示了不同温度下超晶格内的声子态密度。密度曲线表示随着温度的升高，声子的数量也会增加。这将导致声子、电离杂质及声子之间相互频繁地作用，同时声子辅助隧穿的概率必然增大。然而，载流子在场畴边界的传输是非共振隧穿的，是通过声子辅助隧穿而实现的。声子数目的增加使电子漂移速度和电场的依赖性关系随即改变，在场畴边界处的电荷积累效应变得更容易。如果超晶格能进入混沌振荡状态，那么在高场畴中进行顺序共振隧穿所需的条件将会更容易，激发所需的偏置电压值也会降低。这很好地解释了上述实验中超晶格混沌振荡的最佳工作点随温度的升高而降低的结论。

此外，较薄的 $\mathrm{Al_{0.45}Ga_{0.55}As}$ 势垒层有利于电子隧穿，可以有效地增加混沌带宽。当温度继续增加，在 I-V 曲线中电流振荡尖峰将逐渐减弱甚至消失，超晶格将不能进入混沌振荡状态。这是由于随着温度的升高，在声子散射的作用下，声子模逐渐偏移到较低的频率处，声子表现为高温下的软化。如图 3.27 所示，声子态密度在高温时有更长的拖尾效应，多个低频声子耦合为高频声子，增加了纵向声子波的散射概率。电子对纵向声波的多次散射，使超晶格半导体器件的能级分布稀疏，其状态展宽或缩小。这

样的结果使超晶格中电子无法进行 Γ-X 通道的顺序共振隧穿，不能提供非线性行为。

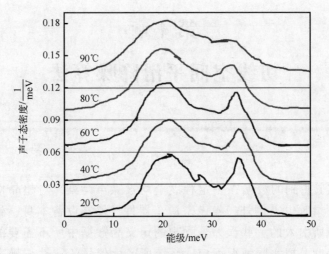

图 3.27　不同温度下超晶格的声子态密度曲线

第 4 章
切线空间平滑降噪算法

所有实验得到的数据在一定程度上均被噪声污染，对超晶格输出混沌信号进行测量时也不例外。噪声来源于器件、仪器设备本身、测量时人员主观或客观所引入的一些误差。噪声的定义为数据中所不需要的部分，噪声的严重程度要视实际情况而定。系统所产生信号的特性与噪声的特性决定了在多大程度上能将噪声从信号中去除。噪声在一定程度上限制了分析信号的能力（预测、状态空间混沌特性分析等）。由于需要重点对超晶格本身参数与输出混沌信号的一些特性之间建立一定的联系，使噪声的存在对信号的分析造成极大的干扰，因而去噪是对实际信号进行分析时所必须完成的第一步。

本章探讨了对超晶格输出混沌信号进行测量时噪声的来源、对混沌信号的动力学特性进行分析所造成的影响。在传统混沌信号映射局部算法基础上，利用混沌系统在状态空间中切线空间的平滑可微性质，进一步提高了混沌信号降噪的性能，并将其应用于超晶格输出混沌信号的降噪之中。最后，通过仿真验证及与经典算法的比较说明了本方法能够更好地去除检测混沌信号中的噪声，也更适合应用于对超晶格输出混沌信号中噪声分量的去除。保留其中的确定性混沌分量，而去除其随机分量。

◤4.1 超晶格测量信号中的噪声来源分析

图 4.1 展示了在对超晶格输出信号进行测量时所引入噪声的一些主要来源。假设超晶格输出信号中的噪声分量为 n_o，则输出噪声 n_o 的来源主要包括以下几个部分。

（1）超晶格实验所用偏置电源非理想电源，其存在一定的内部噪声 n_s；

（2）超晶格属半导体器件，其容易受到温度或外界环境的影响存在一定的热噪声 n_c；

（3）由于检测设备受到外界环境影响所产生的噪声或其本身所拥有的一些噪声 n_d。

（4）外界环境（电磁、温度）等对测量过程所引入的一些噪声 n_e。

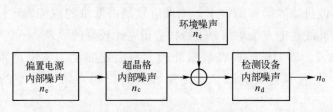

图 4.1　超晶格测量信号中噪声来源

利用混沌动力学理论对超晶格的一些混沌特性进行分析时，如果设置超晶格的一些参数发生了变化，则这些参数的变化将使超晶格发生随机共振时输出混沌信号的一定的变化。这些变化很多情况下都是十分微弱的，因而极易受到强背景噪声的掩盖。而实际中在对超晶格输出混沌信号进行测量时，往往会引入这样那样的噪声，因而在对超晶格的混沌动力学特性进行分析之前，降噪处理是十分必要的。

▲4.1.1　不同噪声的影响

从非线性动力学的角度可以将所有噪声分为非动力系统噪声和动力系统噪声。

非动力系统噪声指的是测量时所引入的与系统本身动力学特性无关的一些噪声。假设超晶格系统的状态矢量为 $\boldsymbol{x}_n$，演化方程为 $F(\cdot)$，则其动力学特性满足

$$\boldsymbol{x}_{n+1} = F(\boldsymbol{x}_n) \tag{4.1}$$

假设超晶格输出的信号为

$$s_n = s(\boldsymbol{x}_n) + \boldsymbol{\eta}_n \tag{4.2}$$

式中：$s(\boldsymbol{x})$ 为一平滑方程，它将混沌吸引子上的状态映射得到一组实数；$\boldsymbol{\eta}_n$ 为非动力系统噪声；环境噪声 n_e 及检测设备内部噪声 n_d 均为非动力系统噪声。

动力系统噪声与非动力系统噪声的不同是它在系统演化的每一步都将引入噪声，并且随着系统的反馈而逐渐放大。假设超晶格系统的状态矢量为 x_n，演化方程为 $F(\cdot)$，则引入动力系统噪声 η_n 后系统的演化过程将变为

$$x_{n+1} = F(x_n + \eta_n) \tag{4.3}$$

传统的去噪方法一般采用线性的方法，如利用傅里叶变换在频域或其他线性域中将信号从噪声中分离出来。然而，许多信号同噪声在频带上有重叠，这时就需要改进滤除噪声的技术。如果信号是由低维的混沌确定性系统所产生的，采用非线性的方法对信号去噪将会得到比较好的效果。

一般来说，动力学噪声在数据处理上将会比非动力学噪声带来更大的问题，因为在后一种情况下，始终能够找到受噪声影响较小的状态空间轨迹。

另外，输出信号中被称为动力学噪声的部分，有可能动力学系统具有较小幅度的高维度确定性部分。即使并非如此，动力学噪声对观察得到的动力特性仍是至关重要的，因为动力学噪声可以诱导动力学上不同的行为（如分叉）。从而破坏了噪声动力学系统奇异吸引子的自相似性。

▲4.1.2 噪声对超晶格混沌态分析的干扰

在对超晶格输出混沌信号进行分析时，由于噪声的存在将会给状态空间中对混沌信号的一些特征进行分析时造成影响。这些影响可以总结为如下四个主要方面[148]。

（1）由输出混沌信号重构得到的状态空间吸引子的自相似结构被破坏；

（2）由重构状态空间计算得到的混沌不变量（如李雅普诺夫指数、分数维等）将会产生偏差；

（3）对状态轨线的预测精度变差；

（4）由于噪声的高维特性将使吸引子延伸到更高维空间。

在具体分析由实验测量得到的超晶格混沌信号时，往往首先需要选择相应的嵌入维和延迟时间从而将其重构到一状态空间中。状态空间描述了超晶格的当前基本特性，它与超晶格的状态空间是同胚的。超晶格的参数与输出的状态空间有单一的映射关系。因而可以利用在状态空间中建立一些特征来分析超晶格参数与输出混沌信号之间的联系。上述这些影响将会给混沌信号的分析带来一定的不精确及不确定性，从而使无法准确建立超晶格参数与输出混沌信号之间关系。

▲4.1.3 混沌降噪与基于频域降噪算法的不同

传统方法对信号进行降噪处理时，通常使用傅里叶分析的方法：将信号及噪声的混合变换到频域进行分析，由于信号所占频谱与噪声所在频谱的不同，进而可通过带通或低通、高通滤波器实现对噪声的滤除。这也是常用的维纳滤波器及其他宽带滤波器的基本原理。然而，如前所述，当输入信号为混沌信号时，能量谱分析并不足以对其中的噪声分量进行剔除。由于低维混沌信号与对应的加噪信号在低维空间是十分相似的，抑制一定的频率将会使滤波后得到输出信号的非线性特性发生改变。Badii 等[149]证明低通滤波器将会引入新的李雅普诺夫指数，并且所引入李雅普诺夫的大小取决于滤波器的截止频率。截止频率的设置若比较小，则输出混沌吸引子的分数维将会增大。Mitschke 等[150]利用电路中得到的数据证实了同样的结果。

如果检测信号中的噪声为动力系统噪声，那么噪声的干扰将会被超晶格进一步呈指数形式放大，对整个动力学的分析造成的影响有可能是灾难性的。另外，混沌信号与噪声在频域中都具有较宽的频谱，如图 4.2 所示。所以混沌信号与噪声信号在频域上是重叠在一起的。因而在利用传统带通滤波器对噪声进行滤波时，如果通频带设置得过窄，将会滤除掉一定的混沌信号，给混沌特性的分析带来很大的影响；如果通频带设置得过宽，将会带来严重的噪声，并且混沌信号频域范围内的噪声始终是去除不掉的。因而，频率滤波的方法已不再适用于混沌信号的降噪[151]。

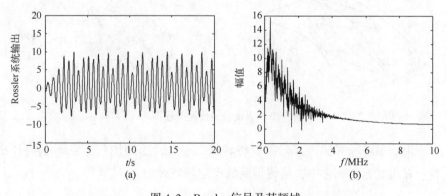

图 4.2　Rossler 信号及其频域
（a）Rossler 信号；（b）Rossler 信号频域。

◢4.2 切线空间平滑映射降噪算法

切线空间映射基于映射局部方法而改进。映射局部法将状态空间局部流形映射到其只包含信号分量的子空间，从而实现噪声的抑制及信号的提取[152-153]。

假设由混沌信号重构得到 m 维状态空间，其中信号所在子空间为 S_0（维数为 m_0，$m_0 < m$）。噪声起主要作用的子空间定义为 Q（维数为 $m-m_0$）。假设噪声子空间具有 Q 个正交独立的向量 $\boldsymbol{a}^q(q=1,2,\cdots,Q)$，映射局部降噪算法的目标就是使局部流形在这些向量上的映射最小。

映射局部降噪算法利用状态空间中吸引子的几何结构特征实现对混沌信号的降噪，因而本质上与传统频域降噪算法完全不同。但其在降噪过程中没有考虑吸引子在状态空间卷积方程的平滑特性。如图 4.3 所示，状态空间局部流形在演化过程中的卷积方程同样是平滑可微的。因而，提出了平滑映射局部降噪算法进一步提高了混沌信号的降噪效果。

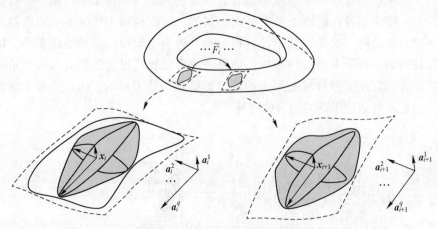

图 4.3 切线空间传递方程图

平滑映射降噪算法，首先需要将含噪信号 $\{x_i\}_{i=1}^{n}$ 利用状态空间重构算法重构到 d 维状态空间之中，最终得到状态空间轨线为 $\{\boldsymbol{y}_i\}_{i=1}^{n-(d-1)\tau}$。

$$\boldsymbol{y}_i=\left[x_i,x_{i+\tau},\cdots,x_{i+(d-1)\tau}\right]^{\mathrm{T}} \tag{4.4}$$

式中：τ 为延迟时间，通常可以用平均互信息的第一个最小值来确定[154]。嵌入维 d 及切线空间维数 k 的选择是混沌信号降噪的一个重要步骤。对于无噪混沌信号，可以采用伪邻域法（false nearest neighbors，FNN）[155]来确定重构时所需最小的嵌入维 D。然而，噪声的存在将极大地降低这种方法的效果[156]。重构理论指出一个最小的足够大的嵌入维应大于吸引子分数维的两倍。因此，可以先确定分数维，再确定嵌入维。分数维可以用关联维进行估计。

▲4.2.1 映射局部子空间

在应用映射局部降噪算法时，在重构得到的 d 维状态空间中每一个点附近确定 r 邻域（包含 r 个邻点）。$\{\boldsymbol{y}_i\}_{i=1}^r$ 为状态空间轨线上在此邻域内的点。对此邻域中点应用正交分解（proper orthogonal decomposition，POD），然后选取最优的 k 维映射作为滤出噪声之后的量 $\bar{\boldsymbol{y}}_i$。滤波之后的混沌信号 $\{\bar{x}_i\}_{i=1}^n$ 通过平均 $\{\bar{\boldsymbol{y}}_i\}_{i=1}^{n-(d-1)\tau}$ 得到。

切线空间平滑映射降噪算法与之不同的是对重构得到的状态空间轨线进行分段处理。每一段状态空间轨线包含 $(2l+1)$ 个时间连续的点，其中 l 为一个较小的自然数。每一个重构得到的点都有一个与之相关的轨线段 $s_k=[\boldsymbol{y}_{k-l},\cdots,$ $\boldsymbol{y}_{k+l}]$ 及一组 r 邻域 $\{\boldsymbol{S}_k^j\}_{j=1}^r$。对轨线段上的每一点应用平滑正交映射（smooth orthogonal decomposition，SOD）得到原轨线上点的最平滑逼近 $\{\tilde{\boldsymbol{S}}_k^j\}_{j=1}^r$。滤波后的点 $\bar{\boldsymbol{y}}_k$ 为对 $\{\tilde{\boldsymbol{y}}_k^j\}_{j=1}^r$ 取平均得到。最后，滤波后的混沌信号 $\{\bar{x}_i\}_{i=1}^n$ 可以看作滤波后状态空间轨线向一维空间中的映射。可以对滤波后的信号重复采用此滤波算法以得到更平滑的滤波信号。下面对平滑正交映射及平滑子空间逼近进行详细介绍。

▲4.2.2 平滑正交分解

正交映射算法的目的是在最小均方差意义上获得高维重构状态空间的最优低维估计[157]。与之不同的是，平滑正交映射目标是获得高维重构状态空间最平滑的低维估计[158]。正交映射算法仅考虑了数据的空间特性，而平滑正交映射则同时考虑了数据的时间及空间特性。

假设存在 d 个状态变量 $\{x_i\}_{i=1}^d$（如具有 d 个微分方程的系统或某系统的 d 个测量值），每一个测量值的时间长度均为 n，将数据组合成 $n\times d$ 的矩阵 $\boldsymbol{Y}$，其中第 i 行第 j 列元素 Y_{ij} 代表了系统在时刻 i 对应的第 j 个变量。同样地，假定 $\boldsymbol{Y}$ 的每一列零均值（或者可用每一列减去其均值），目的是寻找矩阵 $\boldsymbol{Y}$ 的一个线性坐标变换。

$$Q = Y\Psi \tag{4.5}$$

其中，$Q \in \mathbf{R}^{n \times d}$ 的每一列为平滑正交坐标，而平滑映射向量则为 $\psi \in \mathbf{R}^{d \times d}$ 的每一列。平滑正交映射可通过如下一般特征值问题求解实现：

$$\Sigma \psi_i = \lambda_i \dot{\Sigma} \psi_i \tag{4.6}$$

式中：$\Sigma = \dfrac{1}{n} Y^T Y \in \mathbf{R}^{d \times d}$ 及 $\dot{\Sigma} = \dfrac{1}{n} \dot{Y}^T \dot{Y} \in \mathbf{R}^{d \times d}$ 分别为 d 个状态及其微分量的自协方差矩阵；特征值 λ_i 为平滑正交值；$\psi_i \in \mathbf{R}^d$ 为单个平滑映射向量 $i = (1, 2, \cdots, d)$。矩阵 Y 的微分形式可以为解析形式或者通过数值方法 $\dot{Y} = DY$ 得到。其中，D 为差分算子。

▶4.2.3 平滑子空间辨识及数据映射

式（4.3）可通过对矩阵 Y 及 $\dot{Y}$ 进行奇异值分解得到

$$\begin{cases} Y = UC\Phi^T \\ \dot{Y} = VS\Phi^T \\ C^T C + S^T S = I \end{cases} \tag{4.7}$$

其中，平滑正交矢量为 $\Phi \in \mathbf{R}^{d \times d}$ 的列向量，平滑正交坐标为 $Q = UC \in \mathbf{R}^{n \times d}$ 的列向量，平滑正交值为 $\text{diag}(C^T C)$ 与 $\text{diag}(S^T S)$ 的对应项相除。平滑映射矢量为平滑正交矢量 $\Psi^{-1} = \Phi^T \in \mathbf{R}^{d \times d}$ 转置的逆。假定平滑正交值由大至小排列（$\lambda_1 \geq \lambda_2 \geq \cdots \geq \lambda_d$）。平滑正交值与平滑正交坐标的平滑性二次相关。

Y 的最平滑的 k 维逼近可以通过保留矩阵 U 和 Φ 的前 k 列，并且取 C 的前 $k \times k$ 项，将 Y 映射到 k 维最平滑的子空间。d 维空间 $\overline{Y}$ 的 k 维映射可通过降维矩阵 $\overline{U} \in \mathbf{R}^{n \times k}$、$\overline{C} \in \mathbf{R}^{k \times k}$、$\overline{\Phi} \in \mathbf{R}^{d \times k}$ 实现：

$$\overline{Y} = UC\Phi^T \tag{4.8}$$

▶4.2.4 数据填充及边缘效应的消除

基于平滑正交映射的混沌信号降噪方法应用于长度为 $2l+1$ 的轨线段。因此，对于矩阵 Y 的前 l 个和后 l 个点，在进行计算时轨线段将不够长。此外，延迟状态空间重构算法将长度为 n 的信号转化为具有 $n - (d-1)\tau$ 列的矩阵 Y。因而，$\{x_i\}_{i=1}^n$ 的前 $(d-1)\tau$ 个点及后 $(d-1)\tau$ 个点将在 Y 中将不具备所有 d 项。这些将会给整个降噪过程带来边界效应。

为了解决这个问题，需在 Y 的前、后两端分别补充 $l + (d-1)\tau$ 长度的轨线段。这些轨线段分别通过在起始点及结束点处寻找 Y 上最近的邻点实现（如

y_s 和 y_e）。接着可以由 Y 得到对应的轨线段：$Y_s = \left[y_{s-l-(d-1)\tau}, \cdots, y_{s-1} \right]^T$ 及 $Y_e = \left[y_{e+1}, \cdots, y_{s+l+(d-1)\tau} \right]^T$。将它们和 Y 组合起来得到新的矩阵 $\hat{Y} = \left[Y_s; Y; Y_e \right]$。至此，分解过程可以应用到 $\hat{Y}$ 中从 $l+1$ 个到 $n+l$ 个点。

◢ 4.3　平滑降噪算法

平滑降噪算法的步骤如图 4.4 所示。在图中，为了更为清楚地展示，将其表示成行形式。具体介绍如下。

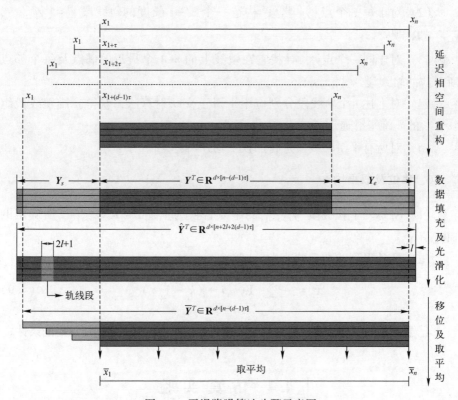

图 4.4　平滑降噪算法步骤示意图

1. 延迟状态空间重构

（1）根据测量得到的混沌信号 $\{x_i\}_{i=1}^n$ 选择重构所需最小合适维度 D。

（2）确定映射子空间维度，$k \leqslant D$（向子空间映射去噪），以及重构状态空间维度 $d \geqslant D$（重构得到状态空间轨线）。

（3）利用所确定的 (τ, d) 将混沌信号 $\{x_i\}_{i=1}^{n}$ 重构得到状态空间轨线 $\boldsymbol{Y} \in \mathbf{R}^{(n-(d-1)\tau) \times d}$。

（4）将重构状态轨线上的点分成 kd 树从而实现对点的快速搜索。

2. 数据填充及滤波

（1）对 $\boldsymbol{Y}$ 的两端进行数据填充，从而使两个端点具有合适的轨线段，得到 $\hat{\boldsymbol{Y}} \in \mathbf{R}^{(n+2l+2(d-1)\tau) \times d}$。

（2）对于每一个点 $\{\hat{\boldsymbol{y}}_i\}_{i=l+1}^{n+l}$，构造一个 $2l+1$ 长度的轨线段 $\boldsymbol{s}_i^1 = [\hat{\boldsymbol{y}}_{i-l}, \cdots, \hat{\boldsymbol{y}}_{i+l}] \in \mathbf{R}^{[1+2l] \times d}$。

（3）对于同一个点 $\hat{\boldsymbol{y}}_i$，寻找它在轨线上的 $r-1$ 个最近的邻点及每个邻点所对应的轨线段 $\{\boldsymbol{s}_i^j\}_{j=2}^{r}$。

（4）对上述 r 个轨线段分别应用平滑正交映射算法，获得 d 维轨线段组 $\{\tilde{\boldsymbol{s}}^j\}_{j=1}^{r}$ 的 k 维平滑逼近。

（5）对所有平滑轨线段进行加权平均 $\overline{\boldsymbol{s}}_i = \{\tilde{\boldsymbol{s}}_i^j\}_{j=1}^{r}$。

3. 移位及取平均

（1）将每一个轨线段 $\{\hat{\boldsymbol{y}}_i\}_{i=l+1}^{n+l}$ 的中点替换为上述 $\overline{\boldsymbol{Y}} \in \mathbf{R}^{(n+(d-1)\tau) \times d}$ 所确定的逼近值 $\overline{\boldsymbol{y}}_i$。

（2）估计得到滤波后的值为

$$\overline{\boldsymbol{x}}_i = \frac{1}{d} \sum_{k=1}^{d} \overline{\boldsymbol{Y}}(k, i + (k-1)\tau) \tag{4.9}$$

4. 重复以上三个步骤，直到降噪后信号足够平滑或满足提前所设定的条件。

4.4 仿真实验

洛伦兹系统作为混沌动力学系统的经典模型，常被用来验证混沌理论的正确性。本节首先为了验证平滑映射降噪算法的有效性，采用标准洛伦兹模型所产生信号进行验证，并将平滑降噪方法与常用混沌降噪算法，如映射局部算法、小波算法相比较。在验证过程中主要通过以下几个方面实现对各种降噪算法优劣的评估。

（1）降噪后状态空间吸引子的对比；

（2）信噪比；

（3）李雅普诺夫指数；

（4）关联维分析；

（5）吸引子预测误差。

最后对超晶格所产生的混沌信号进行降噪处理，得到降噪后的超晶格混沌吸引子。

仿真实验所使用的洛伦兹模型方程如下：

$$\begin{cases} \dot{x}_1 = -\sigma(x_1 - x_2) \\ \dot{x}_2 = -x_1 x_3 + \gamma x_1 - x_2 \\ \dot{x}_3 = x_1 x_2 - b x_3 \end{cases} \tag{4.10}$$

其中，参数分别设置为 $\sigma=10$，$\gamma=28$，$b=8/3$。此时洛伦兹系统所输出信号为混沌信号。利用 MATLAB 仿真软件作为仿真平台，设置初值为 $(x_0, y_0, z_0)=(3, 10, -3)$，设置采样间隔时间为 0.001s，共采样得到 60000 个点。图 4.5（a）所示为 (x_1, x_2, x_3) 的三维表示，图 4.5（b）展示了由状态变量 x_2 检测得到的输出信号。

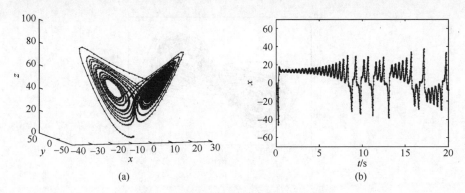

（a）

（b）

图 4.5 输出洛伦兹信号重构及输出 y

（a）输出洛伦兹信号重构；（b）输出 y。

按照下式向图 4.5（b）所示信号中添加均匀噪声：

$$s_n = x_2 + \text{std}(x_2) \cdot \sqrt{\delta} \cdot \text{randn}(l, 1) \tag{4.11}$$

式中：s_n 为加噪后混沌信号；$\text{std}(\cdot)$ 为标准差；噪声强度设置为 δ。利用

MATLAB 函数产生长度为 $l = 60000$ 的随机噪声。

将通过映射局部、小波降噪及平滑滤波三种方式对降噪算法进行比较分析。

▲4.4.1　相空间吸引子比较

将前面所述方法分别与映射局部及小波进行比较，由于超晶格检测过程中所引入的噪声强度通常为 $10\% \sim 20\%$，因而，在比较各算法的优劣时，所选的噪声强度为最大值 20%，不同算法对应的二维及三维空间吸引子分别如图 4.6 和图 4.7 所示。

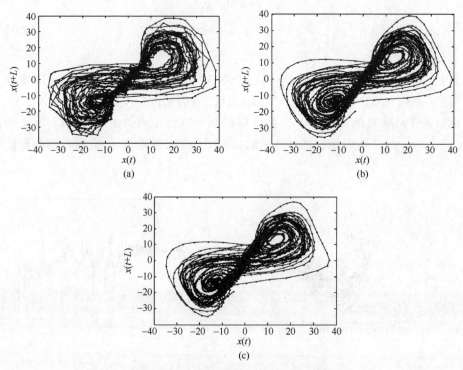

图 4.6　相空间吸引子比较（二维空间）

（a）映射局部；（b）小波降噪；（c）平滑降噪。

降噪前后的二维及三维轨线经比较发现，从轨线还原度来看，小波及平滑的降噪效果要明显好于映射局部的。此结论仍需通过其他标准进行验证。

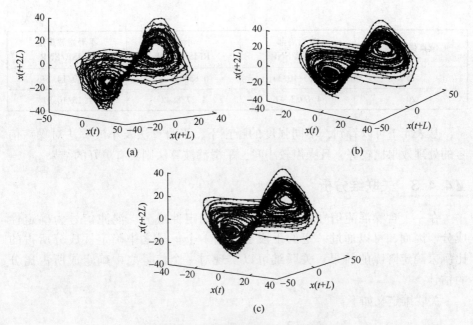

图 4.7　降噪前后轨线比较（三维空间）

（a）映射局部；（b）小波降噪；（c）平滑降噪。

▲4.4.2　噪声强度分析

RMSE（均方根误差）和 SNR（信噪比）的公式分别如下：

$$\text{RMSE} = \sqrt{\frac{\left\| \hat{s} - s \right\|^2}{l}} \tag{4.12}$$

$$\text{SNR} = 10 \cdot \lg\left(\frac{\left\| s \right\|^2}{\left\| \hat{s} - s \right\|^2} \right) \tag{4.13}$$

式中：s 为加噪信号；$\hat{s}$ 为去除噪声后信号；$\|\cdot\|$ 为标准范数；l 为信号的长度。针对不同强度（5%、10%、15%、20%）的噪声降噪后的 RMSE 及 SNR 可见表 4.1。

表 4.1　不同算法的噪声强度分析

噪声强度/%	映射局部 RMSE/SNR	小波 RMSE/SNR	平滑滤波算法 RMSE/SNR
5	0.31/16.62	0.27/35.41	0.28/30.53
10	0.52/15.11	0.42/16.34	0.39/16.75

噪声强度/%	映射局部 RMSE/SNR	小波 RMSE/SNR	平滑滤波算法 RMSE/SNR
15	1.05/10.34	0.85/12.26	0.79/14.17
20	1.60/7.47	1.27/8.42	1.15/10.91

从表 4.1 可以看到，不同强度的噪声下，平滑算法及小波算法对噪声信号的处理效果比较好，且噪声较小时，平滑滤波算法则具有更好的结果。

▲4.4.3　关联维分析

在一个含噪混沌信号之中，噪声为不确定性成分，混沌信号为确定性成分。因而，可以通过一定的手段去判断一个信号之中确定性成分所占的比例来确定降噪的效果。关联维可以实现对一个信号之中确定成所占比分的估计。

关联维定义如下：

$$C(\varepsilon) = \frac{2}{N(N-1)} \sum_{i=1}^{N} \sum_{j=i+1}^{N} \Theta(\varepsilon - \|x_i - x_j\|) \tag{4.14}$$

式中：N 为信号长度；x_i 为第 i 个相点。Θ 满足如下方程：

$$\Theta(x) = \begin{cases} 0 & (x \leqslant 0) \\ 1 & (x > 0) \end{cases} \tag{4.15}$$

若 $\varepsilon \to 0$，$N \to \infty$，则关联维 D 满足

$$D = \lim_{\varepsilon \to 0} \lim_{N \to \infty} \frac{\partial \ln C(\varepsilon, N)}{\partial \ln \varepsilon} \tag{4.16}$$

纯净混沌信号由于是一个确定性信号，所以它的关联维是一常量。文献 [159] 证明，关联维与噪声强度之间呈如下线性关系：

$$C(m+1, \varepsilon) \propto C(m, \varepsilon) C_{\text{noise}}(\varepsilon) \tag{4.17}$$

式中：$C(m, \varepsilon)$ 为嵌入维为 m 时所对应的关联积分；$C_{\text{noise}}(\varepsilon)$ 为噪声关联积分，其满足

$$C_{\text{noise}}(\varepsilon) = \int_{-\infty}^{\infty} \mathrm{d}\eta \mu(\eta) \int_{\eta-\varepsilon}^{\eta+\varepsilon} \mathrm{d}\eta' \mu(\eta') \tag{4.18}$$

式中：$\mu(\eta)$ 为噪声分布。此时满足

$$C_{\text{noise}}(\varepsilon) \propto \mathrm{erf}(\varepsilon/2\sigma)$$

$$\mathrm{erf}(x) = \int_{-\infty}^{\infty} e^{-y^2/2} \mathrm{d}y \tag{4.19}$$

式中：$\mathrm{erf}(x)$ 为误差方程。同时，由于

$$D(m+1,\varepsilon)=\partial\ln C(m+1,\varepsilon)/\partial\ln\varepsilon$$

可推导出

$$D(m+1,\varepsilon)=D(m,\varepsilon)+D_{\mathrm{noise}}(\varepsilon)\qquad(4.20)$$

设混沌信号中噪声为高斯噪声，且噪声强度为 δ，可得

$$D_{\mathrm{Gauss}}(\varepsilon)=\frac{\varepsilon\exp(-\varepsilon^2/4\delta^2)}{\delta\sqrt{\pi}\,\mathrm{erf}(\varepsilon/2\delta)}\qquad(4.21)$$

$D(m+1,\varepsilon)-D(m,\varepsilon)$ 所对应分布的 RSME 估计即信号中所掺杂的噪声强度。利用实验数据进行计算时，可以首先得到 $D(m+1,\varepsilon)-D(m,\varepsilon)$ 的分布，然后，利用最小 RSME 方法得出噪声强度 δ。

计算得到了叠加 20% 高斯噪声的混沌信号下的 $D(m+1,\varepsilon)-D(m,\varepsilon)$ 分布，如图 4.8 所示，利用 RSME 估计得到降噪后干扰信号强度为 0.012。各种算法的比较如表 4.2 所列。

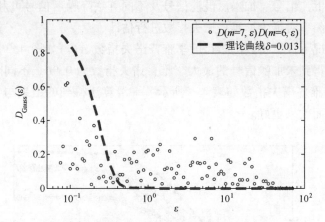

图 4.8　平滑降噪后 $D(m+1,\varepsilon)-D(m,\varepsilon)$ 分布

表 4.2　不同算法噪声幅度估计

算　　法	映 射 局 部	小　　波	平　　滑
噪声强度	0.043	0.011	0.012

由表 4.2 可以看出，平滑、小波降噪算法相比映射局部降噪均达到较好的效果。

▲4.4.4 对降噪前后最大李雅普诺夫指数的比较

对混沌信号降噪会破坏混沌信号本身的一些特性，也会影响后续混沌信号的分析。因而，在判断不同降噪算法降噪效果好坏时，必须对该算法对混沌特性的破坏程度进行分析。混沌信号最基本的性质就是对初值极为敏感，而李雅普诺夫指数可以对这一性质进行描述。这里可以通过分析原信号与降噪后信号的李雅普诺夫指数差异对不同算法的降噪性能进行评估，基于多尺度李雅普诺夫指数对信号进行分析[160]。多尺度李雅普诺夫指数状态空间构造如下区域：

$$\varepsilon_k \leqslant \|x_i - x_j\| \leqslant \varepsilon_k + \Delta\varepsilon_k \quad (k=1,2,\cdots) \tag{4.22}$$

式中：x_i、x_j 为相点；ε_k、$\Delta\varepsilon_k$ 为随机长度。计算这一区域内所有 (x_i, x_j) 的演化：

$$\ln\varepsilon_t - \ln\varepsilon_0 = \Lambda(t) = \ln\left(\frac{\|x_{i+t} - x_{j+t}\|}{\|x_i - x_j\|}\right) \tag{4.23}$$

未加噪混沌信号、加噪后混沌信号及不同算法降噪后信号可利用 $\Lambda(t)$ 第一段斜线区斜率对最大李雅普诺夫指数进行估计。

不同情况下计算得到的多尺度李雅普诺夫指数 $\Lambda(t)$ 如图 4.9 所示。基于此方法求解得到未加噪信号的最大李雅普诺夫指数为 0.90。不同降噪算法下对应最大李雅普诺夫指数如表 4.3 所示。平滑算法得到的结果与未加噪时最为接近，因而效果更好。

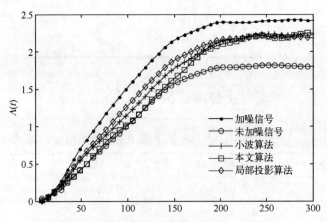

图 4.9 未加噪混沌信号、加噪后混沌信号及不同
算法降噪后对应的多尺度李雅普诺夫指数

表 4.3 不同算法结果所对应的最大李雅普诺夫指数

算 法	映 射 局 部	小 波	平 滑
最大李雅普诺夫指数	1.05±0.03	0.97±0.03	0.91±0.03

▲4.4.5 吸引子预测误差

最大李雅普诺夫指数能够表征混沌系统的宏观特性，而吸引子误差能够表征混沌系统在状态空间中精细结构的相似性。这是因为预测误差表征了状态空间吸引子的演化规律。如图 4.10 所示，相点 P_1 的邻域经过一段时间演化后变为 P_2 邻域。P_1 点同一位置不同半径邻域 Q_1 经过同样时间演化后为 Q_2 邻域，则 P_2 邻域与 Q_2 邻域中心距离为预测误差。

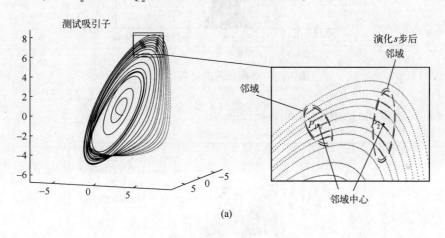

(a)

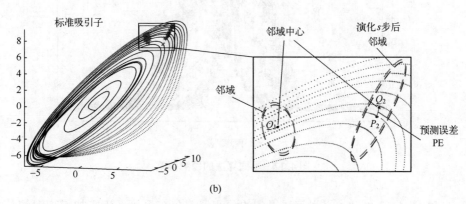

(b)

图 4.10 预测误差

（a）测试吸引子；（b）标准吸引子。

大样本采样求解预测误差后将会得到预测误差的一个高斯分布[161]。

图 4.11 所示为 5000 次大样本采样后对预测误差的分布估计。预测误差为状态空间精细结构的平均值,其值越小说明降噪后得到的吸引子越接近原吸引子。

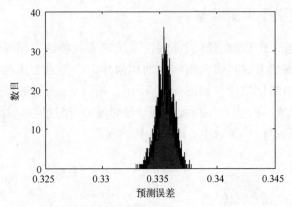

图 4.11　预测误差的分布

不同算法得到的预测误差如图 4.12 所示。

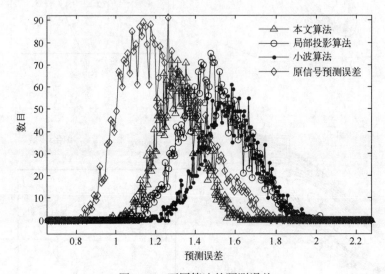

图 4.12　不同算法的预测误差

由图 4.12 可知,平滑算法得到的预测误差分布更接近于未加噪声混沌信号的分布,因而要明显优于其他算法。

▲4.5 基于切线空间平滑映射的超晶格输出混沌信号降噪

图 4.13 所示为第 2 章中测试得到的超晶格输出混沌信号及状态空间表示。

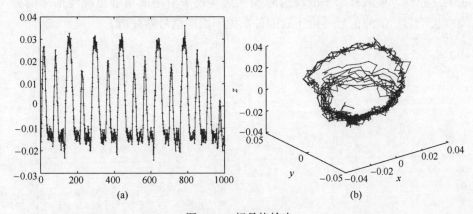

图 4.13 超晶格输出
(a) 混沌信号；(b) 状态空间。

利用切线空间平滑映射降噪算法对其噪声进行抑制后得到的信号及状态空间轨线如图 4.14 所示。可以看到原测试信号中的噪声在一定程度上受到了抑制。

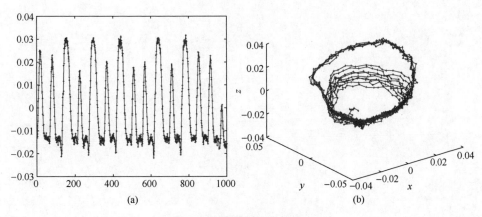

图 4.14 降噪后超晶格输出
(a) 混沌信号；(b) 状态空间。

　　由于在对超晶格测试过程中不可避免地引入噪声信号，同时超晶格本身内部存在热噪声，噪声的存在对混沌信号的分析将会带来极大的影响，有可能导致结论错误，因而对混沌信号的降噪是十分必要的。本章基于混沌信号在状态空间中演化过程中所必须满足的切线空间平滑特性提出了切线空间映射降噪算法，并将其与经典混沌信号降噪算法进行比较，验证了平滑滤波方法的优越性。最后利用平滑映射降噪算法实现了对超晶格输出混沌信号的去噪。去噪后，混沌信号可用于后面各章关于混沌信号的分析。

第 5 章
直流偏置下超晶格输出特性

由第 2 章的分析可知，超晶格是由量子阱构成的周期结构，其中至少有两种不同带隙的半导体材料堆叠在彼此的顶部沿着所谓的方向交替的方式。超晶格产生随机数的质量取决于超晶格所产生混沌信号的质量，因而，首先要做的是超晶格的一些特征参数对输出混沌信号的影响。超晶格是一个非常复杂的动力学系统，其很多参数都会对输出混沌信号的特性造成影响，并且几乎所有的超晶格参数在制备过程中都是可以更改的，特别是那些决定了材料质量的参数。所有参数中最容易改变的是给超晶格施加的直流偏置电压。

本章首先建立了超晶格系统的简化模型，其次对超晶格在不同偏置电压下输出信号的混沌特性进行了分析，最后建立了超晶格参数与输出相空间特征之间的联系。

▲5.1 超晶格简化模型

在弱耦合超晶格中，阱对阱共振隧穿是主要的传输机制，当满足一定的设置条件时，就会出现混沌振荡现象，因而可将它作为真随机数发生器的关键器件使用。在本章对超晶格的分析过程中，将研究的重点放在弱耦合模式，其中传输机制主要为窄带传导。

对一个 n 掺杂的量子点超晶格器件，利用激励平衡方程（force-balance equation）[162] 可以写出超晶格内部电子质心速度 $V_c(t)$ 的动力学方程如下：

$$\frac{\mathrm{d}V_c(t)}{\mathrm{d}t} = -\left[\gamma_1 + \Gamma_c \sin(\Omega_c t)\right] V_c(t) + \frac{e}{M(\xi_e)}\left[E_0 + E_{sc}(t)\right] \tag{5.1}$$

式中：γ_1 为动量弛豫率（momentum-relaxation rate，MRR）常数；Γ_c 来源于

通道电导调制；Ω_c 为调制频率；e 为电子电量；$M(\xi_e)$ 为超晶格中电子的能量依赖平均有效质量；E_0 为所施加的直流偏置电场；$E_{sc}(t)$ 为等离子体振荡激发引起的空间电荷场。这里，统计阻力用动量弛豫速率近似。基于能量平衡方程，可以证明[163] $\xi_e(t)$ 满足以下动力学方程：

$$\frac{\mathrm{d}\xi_e(t)}{\mathrm{d}t} = -\gamma_2[\xi_e(t) - \xi_0] + eV_c(t)[E_0 + E_{sc}(t)] \tag{5.2}$$

式中：$\xi_e(t)$ 为每个电子的平均能量；γ_2 是能量弛豫速率常数；ξ_0 是热平衡时的平均电子能。电子和晶体之间的热能交换近似地用 γ_2 来描述，将基尔霍夫定理应用于电阻分流量子点超晶格，得到诱导空间电荷场 $E_{sc}(t)$ 的方程为

$$\frac{\mathrm{d}E_{sc}(t)}{\mathrm{d}t} = -\gamma_3 E_{sc}(t) - \left(\frac{en_0}{\sigma_0\sigma_b}\right)V_c(t) \tag{5.3}$$

式中：γ_3 为介电弛豫速率常数（dielectric relaxation rate constant，DDRC），它与系统电阻和量子电容的乘积成反比；n_0 为电子在热平衡时的浓度；σ_0 为真空中的介电常数；σ_b 为主半导体材料的相对介电常数。γ_1 及 γ_2 精确的微观计算也可以通过耦合力平衡和玻尔兹曼散射方程来完成[164]。空间电荷场是非线性的唯一来源。

在紧束缚模型中，半导体量子点超晶格中的单电子动能 ε_k 可以写成

$$\varepsilon_k = \frac{\Delta}{2}[1 - \cos(kd)] \tag{5.4}$$

式中：k 为沿超晶格生长方向的电子波数（$|k| \leqslant \pi/d$）；Δ 为窄带宽度；d 是超晶格的空间周期。这种能量色散关系给出了[165]

$$\frac{1}{M(\xi_e)} = \left\langle \frac{1}{\bar{h}^2}\frac{d^2\varepsilon_k}{dk^2} \right\rangle = \frac{1}{m^*}\left[1 - \left(\frac{2}{\Delta}\right)\xi_e(t)\right] \tag{5.5}$$

式中：$m^* = 2\bar{h}^2/\Delta d^2$，$|1/M(\xi_e)| \leqslant 1/m^*$。

在进行数值计算时，使用无量纲量将会极大地降低计算的复杂度。因而，引入 $v(\tau) = (m^*d/\bar{h})V_c$，$\omega(\tau) = [(2/\Delta)\xi_e - 1]$，$f(\tau) = (ed/\bar{h}\omega_0)E_{sc}$ 及 $\tau = \omega_0 t$。其中，ω_0 为频率尺度。在无量纲量情况下，超晶格的共振隧穿电子的动力学方程变为

$$\frac{\mathrm{d}v(\tau)}{\mathrm{d}\tau} = -b_1 v(\tau)[1 + a_2\sin(\overline{\Omega}\tau)] - [a_1 + f(\tau)]\omega(\tau)$$

$$\frac{\mathrm{d}\omega(\tau)}{\mathrm{d}\tau} = -b_2[\omega(\tau) - \overline{\omega}_0] + [a_1 + f(\tau)]v(\tau) \tag{5.6}$$

$$\frac{\mathrm{d}f(\tau)}{\mathrm{d}\tau} = -b_3 f(\tau) - a_3 v(\tau)$$

式中：$\overline{\omega}_0 = [(2/\Delta)\xi_0 - 1] = -1$；$b_1 = \gamma_1/\omega_0$；$b_2 = \gamma_2/\omega_0$；$b_3 = \gamma_3/\omega_0$；$a_1 = \omega_B/\omega_0$；$a_2 = \Gamma_c/\gamma_1$；$a_3 = (\Omega_c/\omega_0)^2$ 正的实数。其中与场效应相关的一些参数为

$$\omega_B = eE_0 d/\overline{h}$$

$$\omega_s = eE_1 d/\overline{h}$$

$$\omega_s' = eE_1' d/\overline{h} \tag{5.7}$$

$$\overline{\Omega} = \Omega_c/\omega_0$$

$$\Omega_c = \sqrt{e^2 n_0/m^* \sigma_0 \sigma_b}$$

最后一个参数是等离子体频率。假定电场在 $t = 0$ 时刻开启，并且式（5.7）的初始条件是 $v(0) = v_0$，$f(0) = f_0$ 及 $\omega(0) = \omega_0$。

因而，对于一个强耦合情况下的超晶格器件，其内部电子运动模式可由式（5.7）所表示，可以看到它是一个具有三变量的非线性动力学系统。当超晶格内部电子处于混沌态时，整个超晶格晶体的外部特性将会表现出混沌特性，从而产生自激振荡，输出混沌信号。因而，通过分析式（5.7）可以实现对超晶格混沌特性的分析。

需要指出的是，目前超晶格的理论模型与实际模型之间的差别还比较大。德国马普固体研究所是世界上在超晶格输运领域研究的先驱和领导者，他们建立了非常复杂的超晶格输运模型，并成功估计到超晶格的混沌振荡现象，但其模型仿真结果与超晶格实际自激混沌振荡输出结果及所需条件设置之间仍有很大的区别。中国科学院苏州纳米所张耀辉研究员在国际上首先观测到超晶格在低温下的自发混沌振荡，其团队又在国际上首先发现了超晶格在常温下的自发混沌振荡，其实验结果同仿真结果之间也仍有很大的差别。

本章建立了超晶格的简化模型，其精确程度同德国马普固体物理研究所超晶格模型之间相比要简化很多，但这并不妨碍分析超晶格。德国马普固体物理研究所通过与实际差别仍然很大的模型实现了对超晶格混沌振荡现象的预测，继而张耀辉等在实际试验中发现了低温环境下超晶格的振荡现象。Lei Ying 等通过简化模型分析发现了超晶格混沌振荡时将会同时伴随多稳态现象，即在同样的外部参数设置下，初始条件的不同将有可能导致超晶格最终演化为不同的状态（混沌或非混沌），这种现象的根源是混沌系统对初始条件过于敏感。

上述理论结果与实际实验相一致，在中国科学院苏州纳米所用完全相同材料、设备和参数设置下生产出来的同一批超晶格器件并不是全部能够实现混沌振荡，仅有部分能够实现混沌振荡。这是由于工艺的限制使制备得到的

不同超晶格器件的初始条件各不相同。基于简化模型的分析虽然不能得到精确到结果，但是模型分析会为超晶格的设计分析和使用提供一定的指导性意义。有可能会预示新现象、新特性，为超晶格的下一步研究指明方向，所以有必要建立超晶格参数与超晶格自身混沌振荡及输出信号混沌特性之间的一些联系，研究不同超晶格参数变化时对输出混沌信号的影响。

在原理上，从超晶格器件的设计制备角度讲，超晶格几乎所有的参数都是可以改变的。但从实验角度讲，它的一些参数改变起来则是十分困难的，特别是那些决定了材料性能的参数 $\gamma_{1,2,3}$。其中，最容易进行调整的参数为超晶格所施加直流偏置电压的强度，即参数 a_0。下面将从仿真的角度验证超晶格参数对其输出混沌特性的影响。

◢5.2 超晶格基本参数对输出信号混沌特性的影响

尽管已经实现了超晶格在常温下的自发混沌振荡，使超晶格的实际应用成为可能，在实际应用中发现仍存在以下问题：

（1）超晶格产生自发混沌振荡所需的直流偏置电压范围较窄，通常只有几毫伏左右，从而对偏置电源的性能提出较高要求。超晶格混沌振荡对偏置电压及外部环境极为敏感，稍有变化将会使输出混沌信号的基本特性发生变化。

（2）超晶格存在多稳态，即超晶格初始条件的不同将决定其最终演化状态的不同（混沌或非混沌态）。由于制造工艺的限制使制备得到的超晶格初始条件必然各不相同，因而实际测试时部分器件能够产生混沌振荡，部分则无法实现混沌振荡，即存在一定的次品率，这将会极大地增加生产成本。

因而，超晶格器件的进一步研制和发展必然针对以上问题提出合理的解决方案。要解决上述问题必须对超晶格内部产生混沌信号的激励进行深入的研究，也就是要确定超晶格内部参数与其混沌状态之间的联系，从而可以为下一步的研制和生产提供一定的指导性修改。

研究超晶格参数的变化对输出混沌信号性能的影响同样是十分重要的，它可以为超晶格的设计及使用提供一定的指导性建议。因而，本章首先以参数 a_1 的影响为例进行了仿真验证。首先设置 $a_1 = 1.8$，其他参数分别设置为 $a_0 = 2.1$，$a_2 = 0$，$b_1 = 0.18$，$b_2 = b_3 = 0.0018$，$\Omega_c = 1.2$。对式（5.6）所表示的超晶格系统在参数平面（$v_0 = -1$，$-1 \leqslant \omega_0 \leqslant 1$，$-1 \leqslant f_0 \leqslant 1$）上的最大李雅普诺夫指数进行了计算，计算结果如图 5.1 所示。

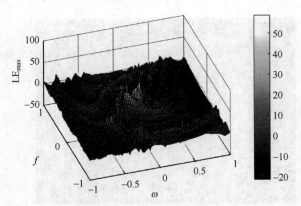

图 5.1 超晶格系统的最大李雅普诺夫指数

混沌系统最典型的动力学特性就是它对初始状态非常敏感。初始状态相近的两条状态空间轨线之间的间距将随着时间的推移成指数规律增大（或减小）。李雅普诺夫指数就是能够描述这种现象的一个常量。对于一个 n 维的动力学系统，通常存在 n 个李雅普诺夫指数。它们的集合称作动力学系统的李雅普诺夫指数谱。其中最小的李雅普诺夫指数决定了状态空间轨线最快的收敛速率，而最大的李雅普诺夫指数则决定了状态空间轨线最快的发散速率。在实际应用中，通常并不需要计算动力学系统的所有李雅普诺夫指数，仅仅确定最大李雅普诺夫指数就已足够了。通过计算最大李雅普诺夫指数是确定系统是否处于混沌态的最直接的办法。当最大李雅普诺夫指数大于零时，系统处于混沌态，当最大李雅普诺夫指数小于零时，系统处于非混沌态。

图 5.2 展示了当 $a_1 = 1.8$ 时，在 f-ω 上那些初始条件对应的最大李雅普诺夫指数大于零（白色区域）。从这些状态出发的状态空间轨线最终会演化为混沌态。对于一个超晶格来说，这意味着半导体超晶格输出的信号为混沌信号，这些混沌信号可以用来产生真随机数。从图 5.2 中可以看到，存在许多不连续的区域，这说明超晶格多稳态的存在。即尽管不同超晶格都具有相同的设置，但由于初始条件的不同，有的超晶格能够最终演化为混沌态，而一些具有其他初始条件的超晶格则无法最终演化为混沌态。

随着 a_1 数值的变化，这些多稳态区域将会发生一定的变化。图 5.3 所示为 $a_1 = 2.4$ 时，在 f-ω 平面上那些最大李雅普诺夫指数大于零的初始态。a_1 是一个与构造超晶格器件相关的一个参数。从图 5.3 中可以看到，超晶格参数的变化将会改变那些最终引起混沌的初始条件，因而可以用来指导超晶格的设计。

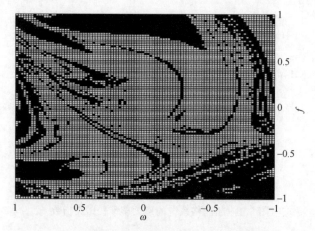

图 5.2 $f-\omega$ 平面上不同参数所对应的最大李雅普诺夫指数

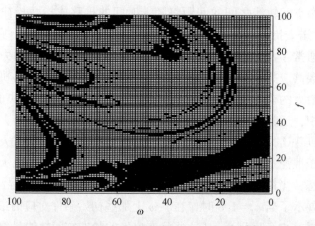

图 5.3 $a_1 = 2.4$ 时, $f-\omega$ 平面上不同初始条件所对应的最大李雅普诺夫指数

如前所述, 与直流电源相关的参数更容易进行调整。图 5.4 所示为 $a_1 = 2.0$ 时, 不同数值的 a_0 所对应的最大李雅普诺夫指数, $(v_0, \omega_0, f_0) = (0.1, -0.2, 0.4)$。与前面类似的是同样存在很多区间对应的超晶格将工作于混沌态, 这些区间分别为 $(1.5 \sim 1.72)$, $(1.74 \sim 1.81)$, $(1.93 \sim 2.49)$。

在实际应用中, 超晶格所产生的混沌信号被用来产生真随机数。在设计超晶格时, 需要考虑很多参数对输出混沌信号的影响, 首先要实现的就是要设计合适的参数使超晶格更容易产生混沌信号。因而, 研究超晶格制备使用参数与输出混沌信号之间的联系是十分必要的。这些参数变化对输出超晶格的影响，将会为超晶格的设计使用提供一定的指导性建议。

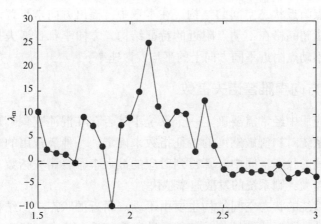

图 5.4 当 a_0 发生变化时所对应不同的最大李雅普诺夫指数

5.3 超晶格不动点附近状态空间结构分析

混沌动力学系统在状态空间中不动点附近的状态空间结构可以用线性空间进行逼近，这对理解整个状态空间结构起着非常重要的作用[166]。不动点处雅可比矩阵的特征值与超晶格参数联系紧密（如图 5.5 为克劳德·香农吸引子在不动点 p 处附近的特征结构。其中 U_s 为稳定子空间，U_n 为不稳定子空间。

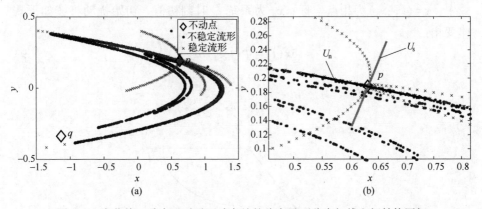

图 5.5 克劳德·香农吸引子不动点处的稳定及不稳定切线空间结构图解

（a）原图；（b）p 点局部放大图。

具体变形速率可用不动点 p 处的雅克比矩阵进行求解）。超晶格参数的变化将会影响不动点附近状态空间的结构。在本章中，提出方向李雅普诺夫指数并利用它分析了超晶格在不动点附近的特征结构。方向李雅普诺夫指数说明了动力学系统不动点附近不同方向上的平均发散速率。

5.3.1　方向李雅普诺夫指数

在实际应用中经常需要确定一个系统中是否存在混沌现象。这可以利用描述动力学系统对初值敏感度的特征指数来确定。一种最常用的方法就是在整个测量得到的状态空间中计算得到对应的最大李雅普诺夫指数。最大李雅普诺夫指数越大，则系统的发散速率越快。

动力学系统的状态空间结构主要由不动点附近的状态空间结构确定，而状态空间不动点附近的结构与系统的参数紧密相连。状态空间不动点附近的特征结构可用不动点处的方向李雅普诺夫指数来描述。李雅普诺夫指数谱曾被当作描述混沌动力学特征的重要参数。事实上，李雅普诺夫指数描述了动力学系统在各个主轴方向上的发散速率。本章提出，方向李雅普诺夫指数的概念扩展了李雅普诺夫指数谱的概念，描述了动力学系统在不动点附近在不同方向上的发散速率。

如图 5.6 所示，假设一非线性动力学系统的不动点位于 O，x_1-x_2 平面上确定方向 $\overrightarrow{OA}$，并在该方向上等间隔取点 $p_i(i=1,2,\cdots,N)$。状态空间中的每一个点 p_i 都满足状态空间每一个点所应满足的动力学特性：

$$\phi(t,\boldsymbol{x}_0):\boldsymbol{x}(t_0)\to\boldsymbol{x}(t) \tag{5.8}$$

式中：$\boldsymbol{x}=(x_1-x_2)$ 为相点坐标；$\boldsymbol{x}_0$ 为系统 t_0 时刻初值。初始扰动将按如下规律变化：

$$\delta\boldsymbol{x}(t)=\boldsymbol{\Phi}(t,t_0)\delta\boldsymbol{x}_0 \tag{5.9}$$

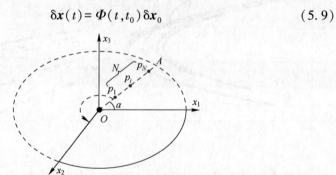

图 5.6　不动点附近坐标系

其中，

$$\boldsymbol{\Phi}(t,t_0) = \partial \boldsymbol{\phi}(t,\boldsymbol{x}_0)/\partial \boldsymbol{x}_0 \tag{5.10}$$

为转移矩阵，描述了状态空间随时间的扭曲变形，如图 5.7 所示。

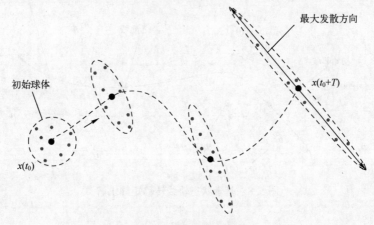

图 5.7 状态空间扭曲拉伸

定义

$$C = \boldsymbol{\Phi}(t,t_0)^{\mathrm{T}} \boldsymbol{\Phi}(t,t_0) \tag{5.11}$$

为有限时间右 Cauchy-Green 变形张量。它的特征值为 λ_1、λ_2，特征向量为 $\boldsymbol{v}_1$ 及 $\boldsymbol{v}_2$。沿 $\overrightarrow{OA}$ 方向进行映射：

$$\boldsymbol{v}_{\overrightarrow{OA}} = (\lambda_1 \boldsymbol{v}_1 + \lambda_2 \boldsymbol{v}_2) \boldsymbol{e}_{\overrightarrow{OA}} \tag{5.12}$$

式中：$\boldsymbol{e}_{\overrightarrow{OA}}$ 为 $\overrightarrow{OA}$ 方向具有单位长度的矢量。定义

$$\sigma_i = \begin{cases} \dfrac{1}{|\Delta T|} \ln \sqrt{\|\boldsymbol{v}_{\overrightarrow{OA}}\|} & (\boldsymbol{v}_{\overrightarrow{OA}} \boldsymbol{e}_{\overrightarrow{OA}} \geqslant 0) \\[3mm] -\dfrac{1}{|\Delta T|} \ln \sqrt{\|\boldsymbol{v}_{\overrightarrow{OA}}\|} & (\boldsymbol{v}_{\overrightarrow{OA}} \boldsymbol{e}_{\overrightarrow{OA}} < 0) \end{cases} \tag{5.13}$$

则可将 $\overrightarrow{OA}$ 方向的方向李雅普诺夫指数定义如下：

$$\lambda_\alpha = \frac{1}{N} \sum_{i=1}^{N} \sigma_i \tag{5.14}$$

▲5.3.2 基于输出状态空间轨线的方向李雅普诺夫指数求解

当系统模型未知时，利用输出状态空间轨线同样可以对方向李雅普诺夫指数进行求解，关键是利用状态轨线估计出转移矩阵。利用状态轨线估计转

移矩阵的方法如图 5.8 所示。

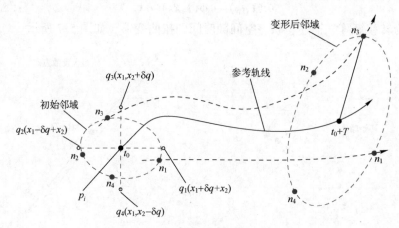

图 5.8　基于状态轨线转移矩阵求解

$q_i(i=1,2,3,4)$ 为等距离分布在 p_i 的右左上下方向。在状态空间中找到距离 $q_i(i=1,2,3,4)$ 距离最新的相点 $n_i(i=1,2,3,4)$。则 $\Phi(t,t_0)$ 满足

$$\Phi(t_0+\Delta T,t_0)=\begin{bmatrix} \dfrac{x_{1n_1}(t_0+\Delta T)-x_{1n_2}(t_0+\Delta T)}{x_{1n_1}(t_0)-x_{1n_2}(t_0)} & \dfrac{x_{1n_3}(t_0+\Delta T)-x_{1n_4}(t_0+\Delta T)}{x_{2n_3}(t_0)-x_{2n_4}(t_0)} \\[4mm] \dfrac{x_{2n_1}(t_0+\Delta T)-x_{2n_2}(t_0+\Delta T)}{x_{1n_1}(t_0)-x_{1n_2}(t_0)} & \dfrac{x_{2n_3}(t_0+\Delta T)-x_{2n_4}(t_0+\Delta T)}{x_{2n_3}(t_0)-x_{2n_4}(t_0)} \end{bmatrix}$$

$$(5.15)$$

进而通过式（5.11）～式（5.14）即可求解方向李雅普诺夫指数。

5.3.3　基于方向李雅普诺夫指数的状态空间结构分析

在对超晶格不动点附近结构进行分析时，最好是首先得到一组在不动点附近稠密分布的轨线，进而利用状态轨线实现对不动点附近结构的分析。

超晶格输出混沌信号状态轨线及在各个主轴方向上的映射如图 5.9 所示。

由于超晶格仿真所用的简化模型为三维模型，只要两个映射平面就包含了状态空间中的所有信息，因而只对 x-z 平面及 y-z 平面的方向李雅普诺夫指数进行分析。超晶格结构特征变化，相应输出不动点附近状态空间结构同样会改变。设置超晶格简化模型参数 a_1 分别为 2.0V 及 2.2V 进行仿真。求解获得对应的 x-z 平面及 y-z 平面的方向李雅普诺夫指数如图 5.10 所示。

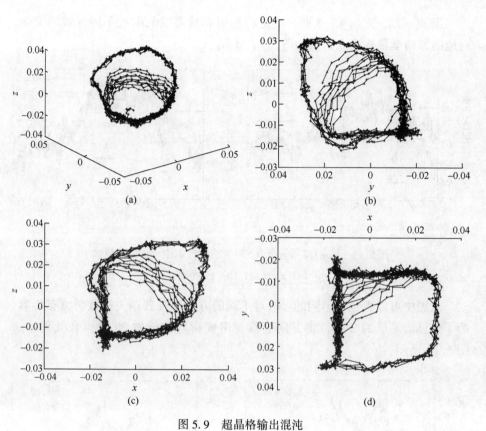

图 5.9　超晶格输出混沌

（a）状态轨线；（b） y-z 平面映射；（c） x-z 平面映射；（d） x-y 平面映射。

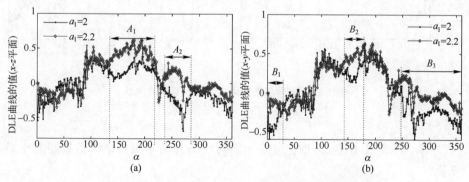

图 5.10　$a_1 = 2$ 及 $a_1 = 2.2$ 时对应的方向李雅普诺夫指数

（a） x-z 平面；（b） y-z 平面。

当 $a_3 = 7.2$ 及 $a_3 = 7.5$ 时，对应将会引起状态空间附近不同区域的变化，对应的方向李雅普诺夫指数如图 5.11 所示。

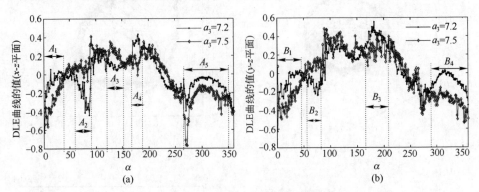

图 5.11　$a_3 = 7.2$ 及 $a_3 = 7.5$ 时对应的方向李雅普诺夫指数

(a) x-z 平面；(b) y-z 平面。

从图中可以看到，不同的参数对不同的方向李雅普诺夫指数区域有影响。为了更显而易见的分析，将方向李雅普诺夫指数曲线做 20 阶拟合处理，如图 5.12 所示。

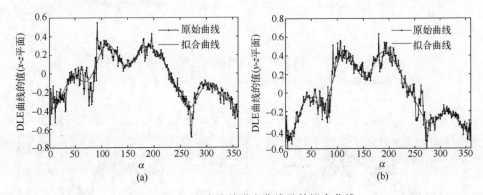

图 5.12　方向李雅普诺夫曲线及其拟合曲线

(a) x-z 平面；(b) y-z 平面。

当 $a_1 = 1.8 : 0.04 : 2.6$ 时，分别求解对应的方向李雅普诺夫指数如图 5.13 所示。

由图 5.13 可知，a_1 的变化会引起超晶格不动点附近不同方向上发散速率的改变，方向李雅普诺夫指数能够完整地展现出不动点处的状态空间结构。

超晶格的混沌特性由超晶格的参数所决定，为了得到一个具有稳定混沌

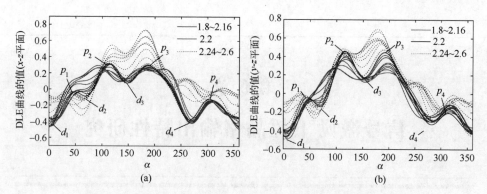

图 5.13 $a_1 = 1.8 : 0.04 : 2.6$ 时对应方向李雅普诺夫指数曲线

(a) x-z 平面；(b) y-z 平面。

信号输出的超晶格混沌熵源，有必要建立超晶格参数与输出信号混沌特性的联系。本章首先基于半导体理论建立了超晶格的简化模型，利用模型分析了偏置电压对输出混沌特性的影响。另外，基于方向李雅普诺夫指数，对超晶格参数变化对输出状态空间不动点附近典型结构的影响进行分析。基于超晶格参数与输出混沌特性关联的分析，可以通过调整超晶格的制备、使用参数来提高混沌振荡的鲁棒性，提高随机数发生器的稳定性。

第 6 章
信号激励下超晶格输出特性研究

半导体超晶格是构成真随机数发生器的核心器件，尽管已经发现了常温下的超晶格振荡，使超晶格的应用成为可能，但在实际应用时仍存在直流偏置电压可设定范围过小，产生混沌振荡鲁棒性较差，输出混沌信号稳定性不足等缺点，严重制约了超晶格的实际应用。上一章从超晶格的模型出发分析了模型及状态空间平衡点附近所具有的一些特点，并分析了超晶格外部偏置电压变化时对输出混沌特性的影响。在此基础上，本章拓展了超晶格的应用条件，将超晶格偏置电压变为直流偏置叠加不同信号的形式，采用不同的信号形式分别对超晶格施加激励，从而改善超晶格混沌振荡及输出混沌信号的性能。

◣6.1 单频及噪声激励下超晶格混沌特性

本章研究了半导体超晶格一个实际的热电子模型。经过对状态空间的系统研究发现了一个现象，当超晶格系统受到外界单一频率信号激励时，将伴随着多稳态的出现。即当超晶格系统设置合适的参数后，有一些初始条件最终使系统进入混沌态，同时存在其他的初始条件不会使系统最终进入混沌态。因而多稳态将不利于超晶格系统的应用作为一个强鲁棒的随机信号源。通过进一步的研究发现，当给超晶格两端加上一定的频率激励后，会消除多稳态的现象，使任意初始条件都能最终演化为混沌态。因而，使超晶格可以作为一个可信任的随机数信号源。

由于强驱动信号的加入，将会在超晶格内部形成一个空间电荷区域，由此在系统动力学方程中将会增加两个非线性项。本章主要解决的是使用超晶格混沌熵源时涉及的稳定性和鲁棒性问题，比如，对于给定的参数设置，由任意初始状态最终演化为混沌态的概率是多少？对于一个单频 AC 信号激励下的超晶格，混沌的出现伴随着多稳态的出现。即在出现混沌吸引子的同时，存在其他初始条件下最终演化为非混沌态。通过随输出信号的最大李雅普诺夫指数进行计算，将混沌态与非混沌态进行了区分。

半导体超晶格的电子传输效应应该从量子机构上来分析，外场的存在即电子与电子之间的相互作用使得量子分析十分困难。一个有效为超晶格的电子传输动力学建模方法为激励-平衡方程[168]，既可以通过经典的玻尔兹曼（Boltzman）方程得到，也可以通过海森堡（Heisenberg）运动方程得到。尽管其内部量子系统本质上是线性的，但是外部偏置电压及所存在的多体问题使它在外在效果上却是非线性的[169]。因而，在传输体制上将会出现各种各样的非线性现象，包括混沌现象。在过去的 20 年，有大量的关于超晶格混沌现象的理论及数值研究[170]。同样研究了外部电场对超晶格非线性动力学特性的影响。在实验中，同样观测到很多超晶格的非线性行为[171]。一般来说，混沌系统可以用作随机数发生器[172]，而半导体超晶格能够产生混沌信号的独特特性意味着它可用来作为真随机数发生器的关键器件。

基于如上原因，本章主要研究了半导体超晶格在不同信号激励下其中高能或热电子的动力学行为。特别是，在研究后发现了系统在受到强信号场驱动下准一维超晶格所发生的窄带传输效应。由于强驱动场的存在，在电子的运动方程中将引入一个空间电荷场。它包含两个非线性项，要解决的是超晶格器件在实际使用过程中所涉及的可靠性和鲁棒性问题。也就是说，对于给定的参数设置，从随机初始条件开始最终产生混沌的概率是多大？利用集合分析的方法，计算最大李雅普诺夫指数，并将混沌吸引子与一般情况区分开来。

▲6.1.1　超晶格在信号激励下的热电子运动模型

本章所建模型建立在第 3 章基础之上。假设超晶格外部有两个不同频率的正弦输入，$V_s(t)$ 超晶格内部所增加的信号电场，其可为各种信号形式。因而，电子质心的运动方程 $V_c(t)$ 变为

$$\frac{\mathrm{d}V_c(t)}{\mathrm{d}t} = -\left[\gamma_1 + \Gamma_c \sin(\Omega_c t)\right]V_c(t) + \frac{e}{M(\xi_e)}\left[E_0 + V_s(t) + E_{sc}(t)\right] \quad (6.1)$$

同样可以得到每个电子的能量 $\xi_e(t)$ 满足如下方程

$$\frac{\mathrm{d}\xi_e(t)}{\mathrm{d}t} = -\gamma_2\left[\xi_e(t) - \xi_0\right] + eV_c(t)\left[E_0 + V_s(t) + E_{sc}(t)\right] \quad (6.2)$$

根据

$$\frac{1}{M(\xi_e)} = \left\langle \frac{1}{\overline{h}^2} \frac{\mathrm{d}^2 \varepsilon_k}{\mathrm{d}k^2} \right\rangle = \frac{1}{m^*} \left[1 - \left(\frac{2}{\Delta} \right) \xi_e(t) \right] \tag{6.3}$$

式中：$v(\tau) = (m^* d / \overline{h}) V_c$；$\omega(\tau) = [(2/\Delta)\xi_e - 1]$；$f(\tau) = (ed/\overline{h}\omega_0) E_{sc}\tau$；$\tau = \omega_0 t$。最终得到无量纲情况下，信号激励下超晶格的共振隧穿电子动力学方程变为

$$\frac{\mathrm{d}v(\tau)}{\mathrm{d}\tau} = -b_1 v(\tau) [1 + a_2 \sin(\overline{\Omega}\tau)] - [a_0 + a_1 V_s(t) + f(\tau)] \omega(\tau)$$

$$\frac{\mathrm{d}\omega(\tau)}{\mathrm{d}\tau} = -b_2 [\omega(\tau) - \overline{\omega_0}] + [a_0 + a_1 V_s(t) + f(\tau)] v(\tau) \tag{6.4}$$

$$\frac{\mathrm{d}f(\tau)}{\mathrm{d}\tau} = -b_3 f(\tau) - a_3 v(\tau)$$

式中：$\overline{\omega}_0 = [(2/\Delta)\xi_0 - 1] = -1$；$b_1 = \gamma_1/\omega_0$；$b_2 = \gamma_2/\omega_0$；$b_3 = \gamma_3/\omega_0$；$a_1 = \omega_B/\omega_0$；$a_2 = \Gamma_c/\gamma_1$；$a_3 = (\Omega_c/\omega_0)^2$ 正的实数。其中与场效应相关的一些参数为：$\omega_B = eE_0 d/\overline{h}$；$\omega_s = eE_1 d/\overline{h}$；$\overline{\Omega} = \Omega_c/\omega_0$；$\Omega_c = \sqrt{e^2 n_0/m^* \sigma_0 \sigma_b}$。参数 Ω_c 是等离子体频率。假定电场在 $t = 0$ 上开启，并且初始条件是 $v(0) = v_0$，$f(0) = f_0$，$\omega(0) = \omega_0$。

▲6.1.2 超晶格器件在信号激励下的多稳态表现

当不考虑等离子体激励所产生的空间电场 $E_{sc}(t)$ 的作用时，式（6.1）和式（6.2）为线性耦合方程。此时，电子的动力学性质可通过施加 DC+AC 激励的半经典 Boltzman 传输方程求解得到，其中将涉及局部动力学特性与 Bloch振荡的相互作用，在电子传输动力学中发挥了重要作用。当考虑空间电场 $E_{sc}(t)$ 时，超晶格中的热电子运动将表现出混沌特性。式（6.1）和式（6.2）中的弛豫速率 γ_1 和 γ_2 可用耦合激励平衡方程进行估计。

无量纲方程（6.4）为一个非线性动力学系统。其中，$f(\tau)\omega(\tau)$ 和 $f(\tau)v(\tau)$ 均为其中的非线性项。原理上，所有的系统参数都是可以调整的，但是，从实验的角度，一些参数并不能随意改变，特别是那些决定了材料性质的参数 $\gamma_{1,2,3}$。容易改变的是那些与超晶格的直流驱动及交流驱动相关的参数，例如，a_0，a_1 及信号 V_s 的形式。为了研究超晶格在激励下的多稳态性质，利用联合仿真的方法：选择足够多的随机初始条件，并且通过计算得到每一个初始条件的最终演化状态。如图 6.1 所示，在同样的参数设置下，两个不同的初始条件将最终演化为两个完全不同的吸引子，一个是普通的，另一个是混沌吸

引子。

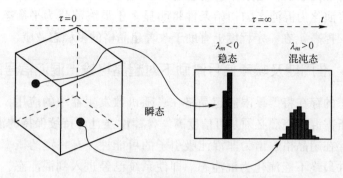

图6.1　不同的初始条件演化出不同吸引子

　　为了更直观地展示不同初始状态经过一段时间演化后的最终演化状态，选择了对应不同 f 值的 (v,ω) 的若干平行平面。图6.2所示为当 $a_1=1.9(E_1<E_0)$ 时的若干平面。用不同的颜色表示不同初始条件对应最终状态的不同：稳态为黑色，混沌态为白色。

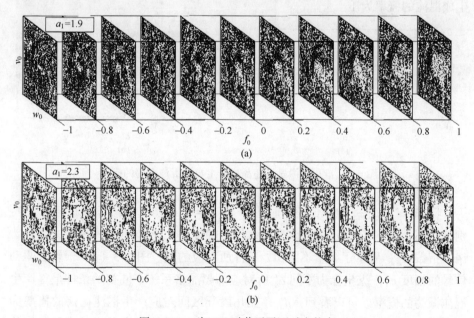

图6.2　a_1 为1.9时若干平面对应状态

　　从图6.2可以看到，不同颜色区域的分布都是不规则的，几乎黑色区域的面积与白色区域的面积相同。也就是说，最终演化为稳定态的初始条件与最终演化为混沌态的初始条件在数量上几乎相同。当 $a_1 = 2.3 (E_1 > E_0)$ 时，可以看到最终演化为混沌态的初始条件将明显多于最终演化为平衡态的初始条件。所以，提高 a_1 在一定程度上有助于改善超晶格的多稳态效应。

▲6.1.3 准周期及噪声信号激励下对超晶格输出混沌信号的影响

多稳态的存在将严重限制超晶格在真随机数发生器中的应用，因为随机数发生器所需混沌熵源必须是可信度高、鲁棒性强且可持续保持的混沌现象。由于同时存在超晶格输出为非混沌吸引子的可能性，有一定的概率使超晶格的初始条件最终不能演化为混沌态。即使系统已经进入到混沌态，但由于外部干扰的作用，同样可能使它从混沌态中逃离出来。通过深入的仿真研究发现超晶格系统单一正弦激励下，几乎在任何区间超晶格产生混沌的概率均小于1。同时也发现，如果存在另外一个不同频率的正弦激励，可以使超晶格系统最终进入混沌态，同时抑制所有的多稳态。

图 6.3 展示了当超晶格系统在周期激励下超晶格将会在一定的参数区间生成混沌的概率为1。

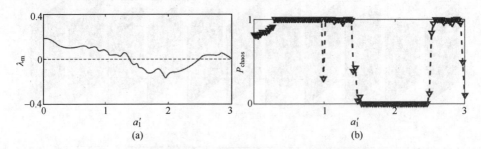

图 6.3　准周期激励下超晶格产生自激混沌振荡的概率

例如，当存在一个 AC 输入时，即 $V_s(t) = a_1' \cos(\Omega' t)$，其中 $\Omega' = \sqrt{2}$。特别地，图 6.3（a）所示为当改变输入信号的幅度 a_1' 所对应的不同最大李雅普诺夫指数 λ_m，展示了大量不同初始条件所对应的值。图 6.3（b）横轴为驱动信号的幅度 a_1'，纵坐标为不同 a_1' 所对应的超晶格系统不同初始条件最终产生混沌振荡的概率。可以看到，a_1' 存在几段开区间对应产生混沌振荡的概率为1。因此在这些参数区间可以极大地降低超晶格系统本身所具有的多稳态，从而实现对超晶格混沌振荡鲁棒性的提高。

在弱耦合系统中[173]，噪声可以引起混沌振荡。在强耦合系统，噪声根据其强度的不同可以增强或抑制混沌振荡。如图 6.4 所示，由于超晶格系统所具有的多稳态性质，噪声将会驱使混沌吸引子逃离吸引域从而驱动系统最终演化为常规吸引子。如果噪声强度足够大，超晶格的非混沌态又可能变为混沌态。不管是哪一种情况，都将破坏超晶格的多稳态性质。原因是，在噪声激励下，超晶格只可能是一种状态，混沌或非混沌。为了展示这种现象，在偏置电压上叠加一具有高斯分布的不相关噪声 $a_0 \rightarrow a_0 + a^{in}(t)$，其中 $[a^{in}(t)a^{in}(t')] = \sigma^2\delta(t-t')$。在弱噪声情况下，也就是当 $0.06 \leqslant \sigma \leqslant 0.56$ 时，噪声将驱动混沌吸引子进入稳态。而在强噪声情况下，即当 $\sigma \geqslant 0.56$ 时，不同初始条件下将仅会出现混沌吸引子。这种现象可以用一种具有双势阱的机械结构来描述。如图 6.4 所示，稳态及混沌态分别由深井和浅井所代表。弱噪声可以将粒子从浅井驱使到深井，而强噪声可以将粒子从深井驱动到浅井。由噪声引发混沌在非线性研究中是一种比较常见的现象。

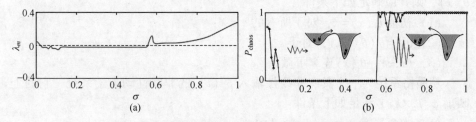

图 6.4　噪声激励下超晶格产生自激混沌振荡的概率

■6.2　混沌信号激励下对超晶格输出特性影响研究

本章仅从制造工艺的角度讲超晶格本身稳定性及鲁棒性差的问题。本节拟采用混沌信号作为超晶格的偏置电压来尝试解决上述问题。近几十年非线性理论的快速发展必将会给超晶格器件的设计、使用、研究带来突破。混沌理论作为非线性理论的一个分支，形成了一整套研究方法、研究工具，已经能够解释许多复杂的非线性现象。如图 6.5 所示，本书选择以混沌信号作为超晶格器件的激励信号，将研究利用混沌理论对超晶格性能改善分析时所涉及的信号源设计、超晶格参数分析与设计等问题，并尝试揭示输出激励源状态空间、超晶格状态空间与输出状态空间之间的相互关联。从理论、实践上研究利用混沌激励实现超晶格混沌振荡稳定性的改善及输出信号混沌特性的增强问题。

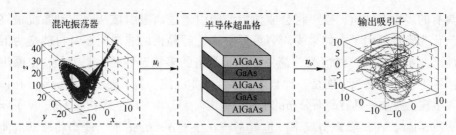

图 6.5　混沌源对超晶格激励分析模型

▲6.2.1　超晶格系统在混沌信号激励下的动力学模型

由图 6.5 可知，超晶格在混沌信号激励下的模型分为三个部分。第一部分为混沌振荡器，用来产生超晶格的激励信号。假设它的演化方程为 $x(t) = \theta_t(x)$，则其应满足如下条件。

（1）初值 $\theta_0(x) = x$，对于所有的 $x \in X$；

（2）$\theta_{s+t} = \theta_s(\theta_t(x))$，对于 $s, t \in T$；

（3）$(t, x) \rightarrow \theta_t(x)$ 连续可微。

超晶格系统为一个具有非线性输入 $p(t)$ 的非线性动力学系统，它的上映射 $\varphi: T_0^+ \times X \times Y$ 满足如下条件：

（1）$\varphi(0, x, y) = y$，$(x, y) \in X \times Y$；

（2）$\varphi(t+s, x, y) = \varphi(t, \theta_s(x), \varphi(s, x, y))$，$s, t \in T_0^+$，$(x, y) \in X \times Y$；

（3）$(t, x, y) \rightarrow \varphi(t, x, y)$ 连续可微。

从输出端看进去，整个系统（混沌激励源及超晶格系统）为定义在 $P = X \times Y$ 的非线性非自治动力学系统，则该系统的演化规律 $\pi: T_0^+ \times X \times Y \rightarrow X \times Y$，其中 $\omega \in X \times Y$。

$$\omega(t) = \pi_t(\omega) = \pi(t, (x, y)) = (\theta_t(x), \varphi(t, x, y)) \tag{6.5}$$

上述分析可用图 6.6 进行表示。

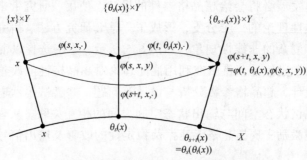

图 6.6　混沌源对超晶格激励数学模型

▲6.2.2　超晶格混沌源激励模型

如图 6.7 所示，假设超晶格系统的输入信号为 $u(t)$，并将超晶格系统状态量表示为 z，其状态空间演变方程为 $\boldsymbol{G}$，则输出信号 $v(t)$ 为超晶格状态空间向一维空间的映射，映射函数为 $h_2(\cdot)$，则满足

$$\dot{z} = \boldsymbol{G}(z(t), u(t))$$
$$v(t) = h_2(z(t)) \tag{6.6}$$

图 6.7　超晶格信号激励下模型

▲6.2.3　基于 K–Y 推论的适合激励源设计

由前面分析可知，由输出信号重构得到的状态空间中包含两部分的信息：一部分为激励源的结构信息，另一部分为超晶格系统的结构信息。当激励信号设计的不合适时，超晶格系统的部分结构将不能被充分激励，从而不能被输出信号所携带，将会丢失一部分超晶格的信息。使用超晶格设计真随机数发生器时，是不希望看到这种情况的。因而在选取混沌激励信号时必须保证超晶格的状态结构信息尽可能多地反映到输出信号之中。K–Y（Kaplan–Yorke）推论能够建立系统李雅普诺夫指数与输出相空间之间的联系[63]。K–Y 推论的结论如下式所示：

$$D_L = K + \frac{\sum\limits_{m=1}^{M} \lambda_m}{|\lambda_{K+1}|} \tag{6.7}$$

式中：D_L 为李雅普诺夫维数；λ_m 为李雅普诺夫指数。

将系统的李雅普诺夫指数 λ_m 按由大至小顺序排列，M 为常数，其满足

$$\sum_{m=1}^{M} \lambda_m \geq 0, \sum_{m=1}^{M} \lambda_m < 0 \tag{6.8}$$

如图 6.8 所示，李雅普诺夫维数能够反映状态空间的精细结构，而 K–Y 推论证明了系统的李雅普诺夫指数与系统的状态空间结构是有内在联系的。同时，系统的李雅普诺夫指数与系统相空间特征结构紧密联系，也就证明了它和系统参数之间的紧密联系。本节将利用 K–Y 推论证明，输入混沌信号应满足何种特征才能使输出混沌信号能够反映出尽可能多的超晶格系统的特征。

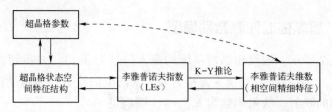

图 6.8　基于 K-Y 推论的超晶格参数相空间结构分析

超晶格输出信号的状态空间为超晶格状态空间与输入混沌激励状态空间的联合扩展。假设混沌信号源的状态空间维数为 n_1，超晶格状态空间的维数为 n_2，则整个系统的李雅普诺夫指数谱应包括两部分：混沌信号源的李雅普诺夫指数谱（$\lambda_i^E : i=1,2,\cdots,n_1$）及超晶格的李雅普诺夫指数谱（$\lambda_j^s : j=1,2,\cdots,n_2$）。将所有李雅普诺夫指数按由大至小顺序排列得到

$$\lambda_1 > \lambda_2 > \cdots > \lambda_{(n_1+n_2)} \tag{6.9}$$

如果式（6.9）所对应的所有李雅普诺夫指数满足式（6.9）条件的 $M = m_0$，式（6.9）中的前 m_0+1 个李雅普诺夫指数中包含了超晶格所有的李雅普诺夫指数后，根据 K-Y 推论可知输出状态空间的维数与超晶格所有的李雅普诺夫指数是相关的，因而也就说明了超晶格系统的状态空间完全扩展到输出混沌信号所重构得到的状态空间之中，就保证了所选混沌信号对超晶格系统的充分激励。判断一个混沌信号源能否实现对超晶格系统充分激励的具体步骤如图 6.9 所示：①计算得到混沌激励及超晶格的李雅普诺夫指数谱；

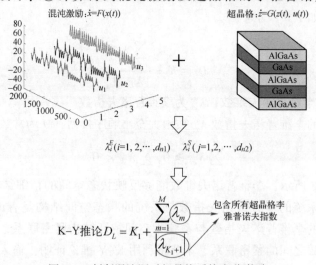

图 6.9　判断混沌源对超晶格系统充分激励

②根据 K-Y 推论，判断所有李雅普诺夫指数中前 K_1+1 个指数是否包含超晶格所有的李雅普诺夫指数；③若包含超晶格所有指数则混沌激励选择合适，若不包含超晶格所有指数则混沌激励选择不合适。

▲6.2.4　混沌源选择与设计

根据上面的分析可知，混沌信号的李雅普诺夫指数必须满足一定的条件才能实现对超晶格系统的充分激励。现实世界中存在着各种各样的混沌源，而由于制备超晶格随机数发生器的需要，所选用的混沌源应尽量为电路形式。如已有的各种各样的混沌电路，如蔡氏电路、Chua 电路等[78]，这些电路均为定参数电路，所产生的李雅普诺夫指数均为定值，因而，在选用混沌源之前先要建立大量的混沌电路库，从中选择李雅普诺夫指数满足条件的那些电路。由于各个电路的李雅普诺夫指数均为定值，因此就很难选择到与超晶格绝对合适的混沌源。在本节中，将设计一种李雅普诺夫指数可持续调整的混沌电路，并将其产生信号作为超晶格输入信号。下面以洛伦兹系统为例介绍此类型电路的设计过程。洛伦兹方程为描述气候变化的一个简化微分方程组。它具有如下形式：

$$\begin{cases} \dot{x} = P(y-x) \\ \dot{y} = Rax - y - xz \\ \dot{z} = -bz - xy \end{cases} \tag{6.10}$$

式中：P 为普朗特数；Ra 为瑞利数。当 Ra 逐渐增加，系统将由周期转为准周期，最终当 $Ra > 24.47$ 时，系统将进入混沌态。在此，将洛伦兹系统的参数设置为 $P=10$，$Ra=28$，$b=8/3$。可以根据洛伦兹系统的微分方程组，利用集成运放等模拟电子元器件搭建洛伦兹振荡电路输出混沌信号。洛伦兹系统所对应的电路为图 6.10 所示。

该电路所产生混沌信号具有定值李雅普诺夫指数谱。采用的方法为在洛伦兹系统方程组每一个等式的右边乘以一个因子 μ_i（$i=1,2,\cdots,m_1$，其中 m_1 为混沌源维数）。μ_i 可以对其所在等式对应的系统状态量在状态空间中的演化进行加速，因而，可以改变系统所对应的李雅普诺夫指数。修改后的洛伦兹系统模型如下式：

$$\begin{cases} \dot{x} = (P(y-x))k_1 \\ \dot{y} = (Rax - y - xz)k_2 \\ \dot{z} = -(bz + xy) \end{cases} \tag{6.11}$$

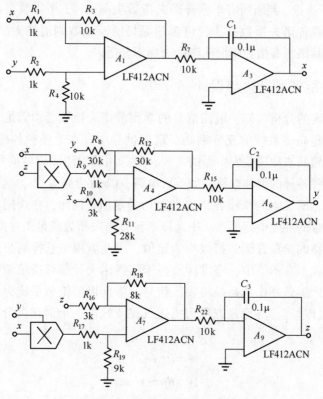

图 6.10　洛伦兹系统所对应的电路

因子 k_i 用来实现信号的线性放大，因而可利用集成运放构成同相放大器来实现。最终调整后的洛伦兹混沌振荡电路变为图 6.11 所示的振荡电路。

图 6.11 中利用方框标出了 k_1、k_2、k_3 的实现区域。可以看到，k_1、k_2、k_3 由集成运放 A_2、A_5、A_8 所组成的基本放大电路构成，由模电的基本知识可以得到

$$k_1 = \frac{R_6}{R_5}, \quad k_2 = \frac{R_{14}}{R_{13}}, \quad k_3 = \frac{R_{21}}{R_{20}} \tag{6.12}$$

由于 R_6、R_{14}、R_{21} 可调，且变化区域为 $0 \sim 200 \mathrm{k\Omega}$，故 k_1、k_2、k_3 的调整区间为（0，20]。

图 6.12 展示了利用 Matlab 仿真得到的普通洛伦兹吸引子（$k_1 = k_2 = k_3 = 1$）与加速洛伦兹吸引子（$k_1 = k_2 = k_3 = 2$）在状态空间中的演化轨线。

从图 6.12 中可以看出，加速吸引子具有更快的演化速率，即在较短的时间内有较长的演化速率，也就决定了它在不同轴的扩张或收缩的速率发生改

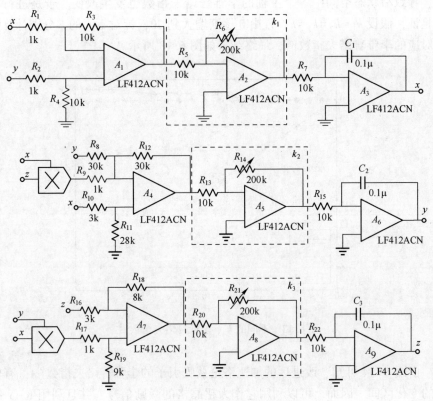

图 6.11　调整后的洛伦兹混沌振荡电路

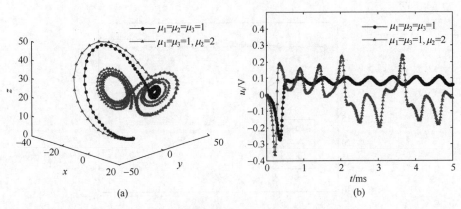

(a)　　　　　　　　　　　　(b)

图 6.12　普通洛伦兹吸引子与加速洛伦兹吸引子

（a）状态空间；（b）单变量 y。

变，导致沿状态空间中各个主轴的李雅普诺夫指数也发生改变。于是进行如下验证，假设 $k_1 = k_2 = k_3 = k$，且由 0 逐渐增大到 20，针对不同的 k 分别计算它所对应的李雅普诺夫指数谱，最终结果如图 6.13 所示。

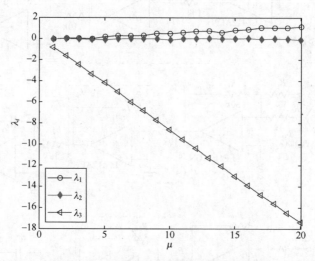

图 6.13   不同的 k 下李雅普诺夫指数谱

由图 6-14 可知，改进后的加速洛伦兹吸引子的李雅普诺夫指数（λ_i）有较大的变化区间。因而，可以利用它作为超晶格的激励信号，并且利用 K-Y 推论得到 $k_i (i = 1,2,3)$ 的变化区间。将满足 K-Y 推论的 k_i 的变化区间称作 k 区间。

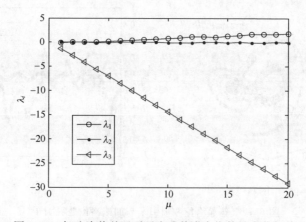

图 6.14   加速洛伦兹吸引子李雅普诺夫指数的变化规律

▲6.2.5　基于输出信号分析的超晶格李雅普诺夫指数的实验测量

尽管在 6.2.3 中利用 K-Y 推论确定了对超晶格实施激励的信号所应该满足的一些条件，但是利用 K-Y 推论的前提条件是已知超晶格系统的李雅普诺夫指数。虽然可以利用 Wolf 方法计算出超晶格简化模型的李雅普诺夫指数，但由于简化模型与实际模型之间有较大的差距，计算出来的李雅普诺夫指数实际上是不可信的，因此需要通过实验的方法对真实超晶格的李雅普诺夫指数进行测量。

基于实验数据求解李雅普诺夫指数可利用 Eckmann-Ruelle 矩阵法及共变李雅普诺夫矢量法等[46]。经典方法利用 Eckmann-Ruelle 矩阵计算实现。Eckmann-Ruelle 矩阵为切线空间传输方程的近似，它的特征值可近似为系统的李雅普诺夫指数。Eckmann-Ruelle 矩阵法求解得到李雅普诺夫指数的个数等于重构状态空间的嵌入维。在重构的过程中为了能充分地展开吸引子，重构的嵌入维一般大于系统的真实维度，因而在多余的维度上面就会产生虚假的李雅普诺夫指数。Eckmann-Ruelle 矩阵法求解李雅普诺夫指数谱可用 Tisean 混沌工具箱实现[77]。共变李雅普诺夫矢量描述了状态空间中每个相点处对应不同李雅普诺夫子空间的特殊结构信息，与李雅普诺夫指数直接关联。通过它可以判断所计算得到的各李雅普诺夫指数的真伪，从而提取得到系统真正的李雅普诺夫指数谱。

1. 共变李雅普诺夫矢量（Covariant Lyapunov Vectors，CLV）

共变李雅普诺夫矢量为状态空间中与系统各个李雅普诺夫指数相关联的矢量。如图 6.15 所示，为针对洛伦兹吸引子所计算出的各个相点处的 CLV。

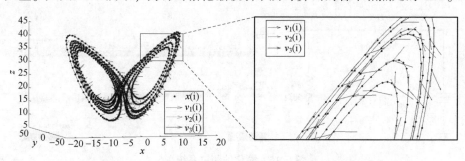

图 6.15　洛伦兹吸引子各相点的共变李雅普诺夫矢量

目前，常用的求解 CLV 的方法为 Ginelli 方法、Wolf 方法及 Samelson 方法。基于计算的复杂度，主要选取 Ginelli 方法作为计算 CLV 的主要方法。具体计算方法可参考文献［167］。

2. 基于 CLV 的真假李雅普诺夫指数判别

文献［168］证明，真李雅普诺夫指数对应的 CLV 应与状态轨线相切。基于此，可以对不同 CLV 与相点切线空间的切角进行计算，进而判断李雅普诺夫指数的真伪。

假设利用 Ginelli 方法计算得到的 CLV 为 $v_i(i=1,2,\cdots,l)$，切线空间为 P，则可以通过以下方法对不同 CLV 及 P 之间的夹角进行计算。

求解 v_i 及 P 的 QR 分解：

$$U_1 = Q_1 R_1$$
$$U_2 = Q_2 R_2 \tag{6.13}$$

则 v_i 与 P 之间夹角 $\theta^{(i)} \in [0, \pi/2]$ 的余弦值为 $Q_2^T Q_1$ 的主值；即

$$s^{(i)} = \cos\theta^{(i)} (i=1,2,\cdots,m_1) \tag{6.14}$$

式中：$s^{(i)}$ 为 $Q_2^T Q_1$ 主值；m_1 为重构状态空间的嵌入维。

进而，可以判断不同 CLV 是否存在于切线空间，若存在于其空间之中，则所对应的李雅普诺夫指数为真。

3. 基于输出信号的超晶格李雅普诺夫指数的实验求解

测试系统如图 6.15 所示，直流电压源 V_1 选用高精度偏置电源 Kethley 2612A，并设定偏置电压值为 2.4V（此偏置电压可导致超晶格产生自发振荡），在超晶格的输出端接一 50Ω 的适合阻抗，并将其两端电压作为超晶格的输出信号，通过高带宽示波器 Agilent86109B 进行测量。图 6.16 右边为测量结果的示波器截图，上半部分对应于采集到的输出信号，下半部分对应于信号频谱。

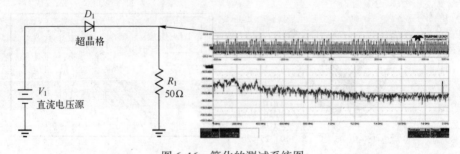

图 6.16　简化的测试系统图

取其一段信号如图 6.17（a）所示，利用状态空间重构算法选取合适的嵌入维 $m=5$ 及延迟时间 $\tau=89$ 重构得到吸引子如图 6.17（b）所示。嵌入维 m 利用伪邻域法计算得到，延迟时间 τ 利用互信息法计算得到。

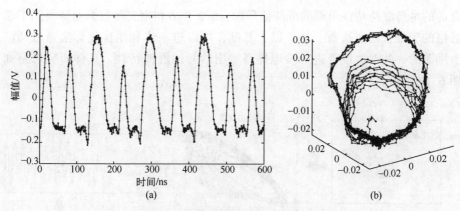

图 6.17　采集到的输出信号和吸引子图

利用 Eckmann-Ruelle 矩阵对输出信号估计得到的李雅普诺夫指数谱为 $(0.4612, 0.0226, -1.0664, -1.6116, -2.0532)$。

图 6.18 所示为计算得到的不同李雅普诺夫指数与切线空间夹角平均值(θ)之间的关系曲线。从中可以看出，在 $\lambda_1 = 0.46$，$\lambda_2 = 0$，$\lambda_3 = -1$，$\lambda_4 = -1.65$ 处(θ) 趋近于 0，这意味着这些李雅普诺夫指数存在于其所对应的状态空间之中，因此是超晶格的李雅普诺夫指数。

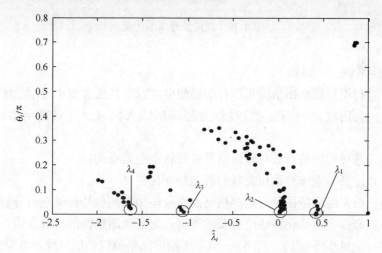

图 6.18　超晶格不同估计特征值与切平面的夹角

▲6.2.6　基于优化算法的最优激励

6.2.3 节利用 K-Y 推论设定了选取超晶格激励源的原则，6.2.4 节设计了合适的本身混沌特性可调的混沌信号源, 6.2.5 节利用实际数据测量得到了超晶格的李雅普诺夫指数。基于以上基础, 可以进一步利用优化算法通过调整激励源的一些参数设置进一步地提高输出信号的混沌特性。具体研究思路如图 6.19 所示。

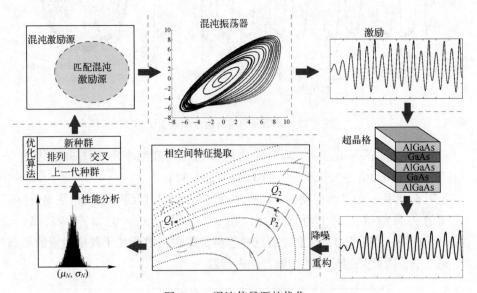

图 6.19　混沌信号源的优化

具体来说, 步骤如下。

（1）利用与超晶格系统相适合的混沌电路设定初始参数生成激励源信号;

（2）利用（1）中产生信号作为超晶格输入信号, 并对输出信号进行测量;

（3）选择适用的算法对输出信号进行状态空间重构;

（4）计算与系统参数相关联的混沌特征量;

（5）根据混沌特征量对超晶格稳定性及输出混沌信号性能进行分析;

（6）选择合适优化算法生成新的种群作为混沌激励源的参数设定;

（7）重复步骤（1）～（6）, 确定使输出结果最优的信号源参数设置。

1. 混沌激励源

激励源采用图 6.11 所示可调洛伦兹电路, 对于此电路可以通过改变 (k_1, k_2, k_3) 来改变激励源的李雅普诺夫指数。为了简便直观, 设定 $k_1 = 1$, 改

变(k_2, k_3)，利用 Wolf 方法计算得到在合理参数区间的李雅普诺夫指数
$(\lambda_1^E, \lambda_2^E, \lambda_3^E)$，如图 6.20 所示。

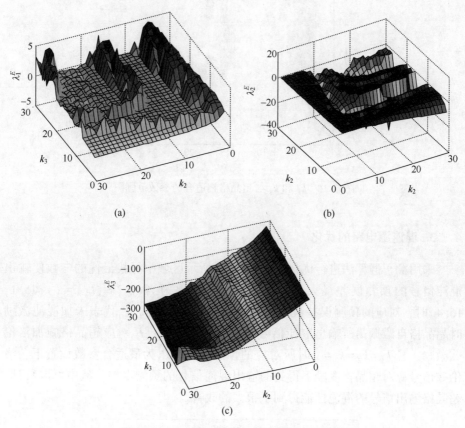

图 6.20 Wolf 方法计算的李雅普诺夫指数图

不同(k_2, k_3)条件下，洛伦兹系统的李雅普诺夫指数各不相同，利用 K-Y
推论可以找到那些与超晶格系统相适合的(k_2, k_3)。利用图 6.9 所示的方法可
确定(k_2, k_3)中与超晶格相适合的那些参数范围，如图 6.21 所示。

2. 性能参数选取

为了对输出信号的混沌特性有一个定量的描述，选取预测误差作为判断
的标准。预测误差代表了混沌信号的复杂度，预测误差越大，越适合用作随
机数发生器。因而在对混沌信号源进行调整优化时，设定目标为使输出信号
的预测误差越大越好。

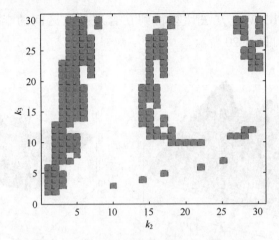

图 6.21 k_2 和 k_3 与超晶格相适合的参数范围图

3. 混沌源电路的优化

采用粒子群算法进行优化，在图 6.21 所示区域中寻找最优的参数使输出混沌信号的预测误差最大。仿真得到优化结果为当 $(k_1, k_2, k_3) = (1, 15.1, 16.4)$ 时，对应的预测误差最大。具体如图 6.22 所示，P_1 代表未加混沌激励时超晶格自激振荡所输出混沌信号对应的预测误差；P_2 对应超晶格施加洛伦兹激励，且 $k_1 = k_2 = k_3 = 1$ 时所对应的预测误差；P_3 为最适合参数设置下，洛伦兹信号源对超晶格激励下得到的输出混沌信号的预测误差。从中可以看到，超晶格输出信号的混沌性能得到了很大的改善。

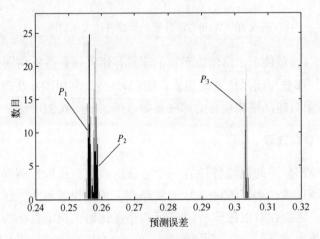

图 6.22 预测误差图

6.3　噪声激励的混沌诱导和混沌增强效应

随着研究的发展，研究人员逐渐意识到并不是所有噪声的出现都被认为是干扰因素。相反，适当的噪声可能会增强系统的动态特性，从而变得更加明确和可控。在超晶格中叠加适当的噪声后，从输出信号、I-V特性、相空间重构及相关性等内容进行分析超晶格系统的演变结果。相比于直流激励的效果，在叠加噪声信号后，超晶格的动力学行为表现出了更加明显的非线性特征。从混沌角度来看，在适当幅度的噪声信号激励下，将会诱导超晶格产生混沌振荡现象并且增强这种混沌行为。同时，经噪声激励后的超晶格输出信号与噪声及输出信号之间并不会引入相关性干扰，可以用来产生真随机数。

6.3.1　信号激励超晶格的研究

为了使超晶格的混沌振荡行为更具有鲁棒性，有专家提出了改变激励方式的相关研究，以期达到优化超晶格性能的目的。Lei Ying 等研究发现，超晶格的混沌振荡是以多稳态的方式实现的，即系统的振荡形式穿插在混沌态或非混沌态之间。这种现象不仅源于自组织原则对初始参数设置的极端敏感性，还在于工艺制备时超晶格器件固有的随机涨落。使用完全相同的材料、设备和参数设置生长出来的同一批器件并不能完全进入自治混沌，部分器件仅存在类周期振荡甚至无振荡，实际实验结果与上述理论相对应。

大量模型仿真表明，当超晶格上作用一个幅度、频率可调的微波信号后，超晶格的混沌动力学特征会发生改变。选取适当的外部激励可使超晶格从准周期经由锁频现象到混沌运动，此结论在实验中得到了验证。邵铮铮等通过对超晶格叠加随机信号后产生了随机共振现象，优化量子阱之间的跃迁行为，遗憾的是，该现象的理论研究尚属空白。仿真说明，当激励信号为一组非公度的驱动频率时，不同初始条件的超晶格混沌系统的多稳态会降低，提高超晶格产生混沌振荡的概率。Alvaro 等指出混沌系统内部及外部噪声将会使混沌电流振荡出现在一个较宽的偏置电压范围内，并且产生自发混沌振荡的鲁棒性加强。

上述分析与实验表明，线性信号无法驱动超晶格的稳定混沌振荡现象。而理论上，外加激励信号的组织方式将对超晶格的多稳态现象得到一定的改善、提高混沌振荡偏置电压范围，从而对超晶格混沌振荡的稳定性及信号的鲁棒性起到较大的优化作用。基于随机信号激励的超晶格，将有可能作为实用化下理想熵源来产生稳定输出的高速真随机数。

◢6.3.2　噪声激励的实验方案设计

针对上述分析与结论，提出了基于噪声激励的超晶格混沌振荡的优化方案，原理如图6.23所示。熵源测量电路与文献相似，在本章中利用 Keithley 2280S 高精度可调直流电源（HAPS）对掺杂弱耦合 GaAs/Al$_{0.45}$Ga$_{0.55}$As 超晶格施加高精度电压，其纯度通过直流偏执器（BT）进行调整。Tektronix AFG7000C 任意函数发生器（arbitrary function generator，AFG）提供幅度可变的随机噪声信号。通过12位 ADC 对超晶格信号进行采样，由 FPGA 抽取相应有效位进行数据后处理而得到输出序列。除此之外，还增加了高低温交变湿热试验箱验证温度对此优化方案的影响，以此检验基于噪声激励的超晶格是否可作为理想的高速、稳定物理熵源。

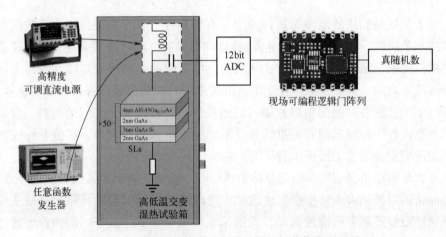

图6.23　基于噪声激励的超晶格混沌振荡优化原理图

◢6.3.3　噪声对超晶格混沌振荡分析

为了得到超晶格在不同振幅噪声激励下的空间动力分布信息，图6.24分析了 *I-V* 特性曲线。当无噪声叠加仅使用直流激励，$V_{dc} = 1.20V$ 时，电子迅速积累形成稳定场畴；紧接着直流电压增加电流降低，此时的电子向势阱的基态聚集。若持续增加偏压，直流电进入平稳上升阶段，电子将到达高低场畴的边界，停留在某一个量子阱内。当外加偏压超过 3.51V 时，电荷积累层将瞬间移动到相邻的下一个量子阱中，电子极易由级联共振隧穿导致负微分电导效应，从而引发超晶格的非线性行为。然而 $I–V$ 曲线上的多个振荡尖峰表明超晶格的负微分电导不连续，而是存在多个小区间。致使超晶格器件产生自发混沌振荡的电压区间较窄，仅有几十毫伏，电压及外界物理条件稍有变化便会影响输出信号的特征，这与振荡态漂移相对应。噪声激励下的 $I–V$特性有较大变化，如电荷积聚形成场畴的条件为 $V_{dc}=0.78V$；偏压超过约3.12V 时，超晶格将可能出现较为明显的负微分电导效应。相对直流激励，噪声的叠加可帮助电子迅速到达相应的状态。

在图 6.24 的插图中，将 $I–V$ 曲线可能发生混沌振荡的细节放大。与直流激励曲线相比，施加额外噪声的曲线光滑平整，波动较小的尖峰消失，弱耦合系统进入混沌振荡态更加平稳。同时，第一平台的负微分电导区间跨越了320mV 的范围。这说明在噪声的作用下，超晶格的混沌振荡行为可保持在较宽的电压区间内，具有较高的稳定性。负微分区间的电流差值随着噪声信号幅度增加呈现减小的趋势，很有可能导致较大的噪声掩盖超晶格非线性效应。在 $V_{noise}<60mV$ 时，$I–V$ 曲线仍存在小范围的波动。相对来说，80mV 的噪声能改善超晶格振荡状态到最佳。

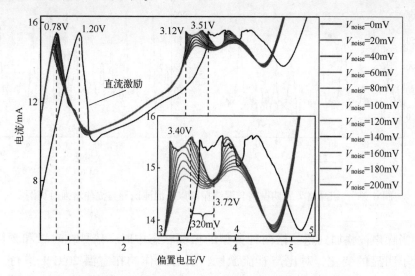

图 6.24　不同噪声激励下超晶格的 $I–V$ 特性曲线

在非线性系统中，系统随参数变化往往由规则运动开始逐步通向混沌运动，最具有代表性的是倍周期分岔道路、准周期道路及阵发混沌道路。超晶格的混沌振荡现象也符合此规律。直流偏置激励下的混沌振荡类似于阵发混沌道路，即周期运动和混沌运动交替出现。不同的是，超晶格的这种表现源于其自身的多稳态性质，最终演化为不同的状态（混沌或非混沌）。图 6.25 (a) 的信号具有明显的周期性，形状基本保持一致且重复出现，是典型的周期态。由于信号的相关性，该状态无法产生随机数。图 6.25 (b) 显示了超晶格自发的电流混沌振荡，时域上信号无规律，频域连续，可等效为物理熵源。由于外界物理条件的变化，混沌振荡态的超晶格将会漂移到周期振荡态，甚至无振荡，这样的变化将导致超晶格器件无法正常工作。

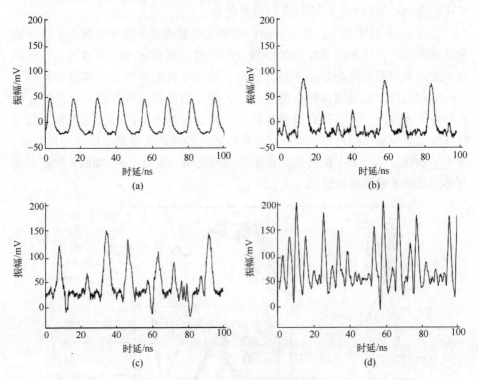

图 6.25　超晶格类周期振荡与混沌振荡以及混沌诱导与混沌增强时域图

当噪声被叠加到超晶格两种典型的振荡状态中时，信号在时域和频域上展示了明显的变化，对比与直流激励，所有工作均在室温 20℃ 下进行。在图 6.25 (a) 的周期振荡状态上叠加 $V_{noise} = 80\text{mV}$ 的白噪声，信号的时域轨迹如图 6.25 (c) 所示。很明显出现了不规律的尖峰，进入了与图 6.25 (b) 类似的混沌振荡状态。同时，振幅较图 6.25 (b) 中的信号要高，峰间间隔较短。这说明叠加适当的噪声信号会诱导超晶格产生混沌振荡，效果明显得到改善。当超晶格在直流条件下进入混沌态时，对其额外增加相同幅度的噪声进行激励，得到的信号如图6.25（d）所示。此时信号的形状表现较为混乱，振幅较图6.25（c）更剧烈，振荡变化速率非常快，同时间内的细节更加充分，带宽增加。图6.26（a）、（b）、（c）和（d）分别为图6.25对应的频谱图。通过分析表明，噪声激励下还会增强超晶格的混沌行为。

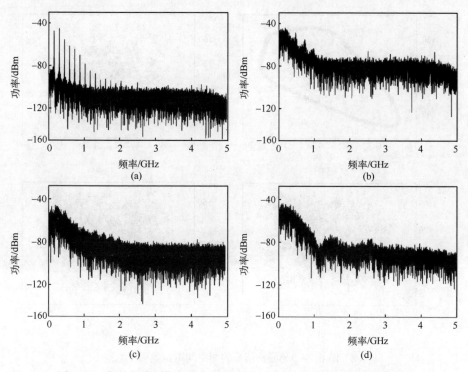

图6.26　超晶格类周期振荡与混沌振荡以及混沌诱导与混沌增频域图

　　超晶格信号的相空间重构吸引子如图6.27所示，以此来证明噪声激励下的混沌诱导效应和混沌增强效应。室温下，在直流激励偏置电压为3.55V时，超晶格产生自维持的类周期振荡，表现出了确定吸引子。在相空间，确定性吸引子将周围的轨道全部吸引过来，通常是一个较为稳定的周期环状态，如图6.27（a）所示。当偏置电压为3.78V时，图6.27（b）显示了超晶格的自发电流混沌振荡的Poincaré映射，相空间表现出了较为完整的分布，奇异吸引子说明了较为明显混沌振荡特性。分别对两种振荡状态叠加80mV的外部噪声信号时，相空间分布较原来变得更加饱满。图 6.27（c）所示为超晶格类周期振荡态时叠加随机噪声的吸引子图，Poincaré 映射结构变得完整，更为扭曲和复杂，此时噪声诱导超晶格产生了自发的电流混沌振荡。同样地，对自发混沌振荡态的超晶格叠加 80mV 噪声信号进行激励，得到的图 6.27（d）探索了更大更完整的区域，复杂的拉伸和扭曲的结构证实了噪声能显著增强相空间的混沌行为。

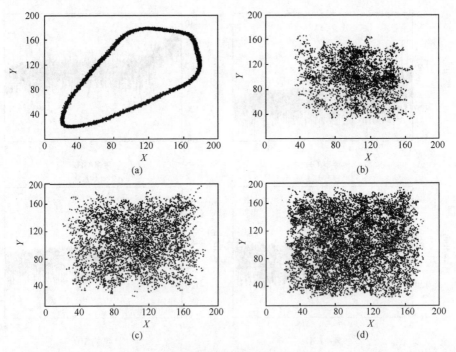

图 6.27　超晶格信号的相空间重构吸引子

相关性可检测物理熵源的不可预测特性，也就是信号的相似性和关联程度。图 6.28（a）显示了输入噪声与超晶格输出信号的互相关系数。零时刻后，延迟稍变大相关函数迅速衰减为 0，这说明输入、输出的两个信号互不相关。噪声仅为超晶格混沌系统提供了良好的非线性，并不会引入相关干扰。超晶格经噪声激励后输出信号的自相关轨迹如图 6.28（b）所示，这表明信号几乎没有自相关，也就意味着叠加额外噪声的超晶格同样具有不可预测性，可以用来产生真随机数。

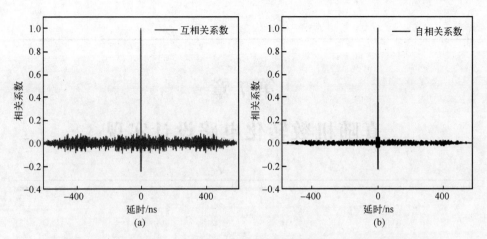

图 6.28 超晶格信号与噪声信号的互相关系数及超晶格输出信号的自相关系数

第 7 章
真随机数转化电路设计实现

当超晶格输出混沌信号满足一定的稳定标准后，可以利用转化电路将熵源信号转化为数字信号，并做数据处理后实现真随机数的提取。本章在目前常见的超晶格熵源单比较器方案和多位 ADC 方案讨论的基础上，提出基于嵌入式系统的高速超晶格混沌熵源转化电路硬软件设计，不仅在前端对熵源输出混沌信号进行阻抗匹配、信号放大、低频噪声滤除等模拟处理提高了熵源信号质量，而且由 FPGA 嵌入式系统控制完成高速 ADC 和相关算法处理，达到百兆输出带宽，并达到国际标准测试指标。

7.1 转化电路方案设计

超晶格高速真随机数转化电路是对超晶格输出微弱混沌信号进行调理、放大、采集和处理的硬软件电路。基于超晶格的真随机数转化电路发展时间较短，而基于混沌激光、半导体热效应等物理现象的真随机数发生电路发展较为成熟，据报道，国内理论研究速度已达到 17.5GHz，实物实现的已可到达 7GHz。同时不断出现新的结构的转化电路，有采用单路比较器采集方案，也有采用多位量化采集处理方案。本章深入研究相关随机数转化电路设计理念和实现方法，设计了基于 FPGA 的高速采集处理电路。本着体积小、成本低、速度高的固态电路形式，将结合上述两种方案优点，采用单熵源、多次采集、多位移位运算后得到随机序列。经实验验证，产生随机数符合 NIST 标准及 DIEHARD 标准。

▲7.1.1 单路比较器采集方案

国际上真随机数转化电路一个标志性电路是 2008 年日本 A. Uchida 教授利用双光混沌激光器进行光电转换后采用异或电路处理最终得到 1.7Gb/s 的随机数序列的实验结构。具体实验框图如图 7.1 所示，两路光反馈型激光器 SL 经过可变长 F 光纤到光反射镜 VR，反射回来的信号与原信号通过光耦合器 FC 耦合后，经过隔离 ISO、衰减 VA 和光电探测器 PD 作用，转化为电信号，各自经过放大 Amp 到达高速比较器，即 1bit ADC，经过和调整合适的基准电压比较后得到一位数字量，两路一位二进制数通过异或门 XOR 得到最终的随机数序列。目前，基准电源要实时适应熵源变化进行调节是此方案难以实用的主要瓶颈。

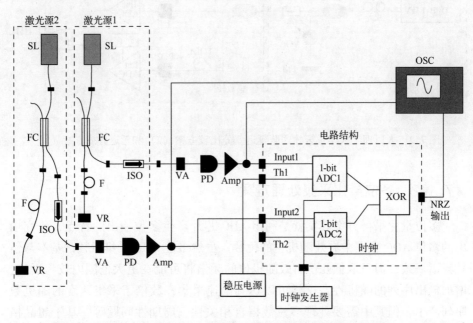

图 7.1　日本 A. Uchida 教授设计的随机数转化实验原理框图

国内目前完成实用化的真随机数转化电路可见太原理工大学王云才教授团队基于混沌激光熵源设计的延迟差分比较方案和延迟异或方案，可在 0 ~ 4.5Gb/s 可调，稳定输出高质量的真随机数。延迟差分比较方案具体原理框图如图 7.2（a）所示，主要在光电探测器 PD 的后面分两路，一路去比较器正极，另一路经过延迟后送比较器负极，不再有基准电压，也就是变基准电压调节为延迟时间调节，大大提高了系统可实现性。延迟异或方案则是把延迟改在了光路中，而不是在电路上延迟，如图 7.2（b）所示，也就是在 50/50 光耦合器后分两路光路，一路加上可调光延迟线 TODL，解决精确延迟问题，在两个比较器后再进行异或逻辑完成相应的随机数输出。

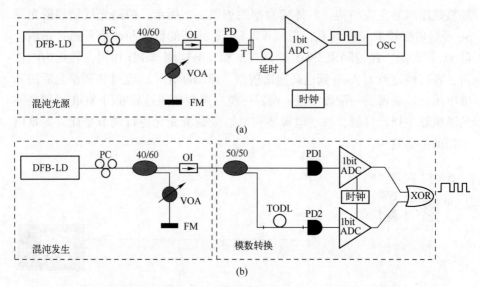

(a)

(b)

图 7.2 太原理工大学王云才团队延迟差分比较方案（a）和延迟异或方案（b）

7.1.2 多位量化采集处理方案

多位量化采样方案其实就是利用 ADC 芯片产生多位输出的特点，研究输出的多位 ADC 数据中有效随机位的位数。虽然多位 ADC 采集后频谱基本与信号频谱一致，但只取低几位有效随机位的频谱将可能在更大范围内较为平坦，增加输出序列的随机性。这样可以达到高速采集，数倍于采集速度的随机数序列产生，但其中需要处理多位数据自相关性、周期性问题等。基于超晶格熵源设计的转化电路采用由中国科学院纳米所张耀辉教授团队所设计的 8 位 ADC 采集方案，如图 7.3 和图 7.4 所示。图 7.3 采取单个超晶格混沌激发电路作为熵源，直接采取 8 位模数转换后，寄存移位逻辑运算后选择有效位数作为随机数输出。图 7.4 则直接采用多个熵源模拟运算后的 8bit 模数转换作为随机数输出，输出可达到吉赫兹采样率。

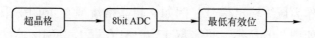

图 7.3 多位量化采集处理方案基本原理框图

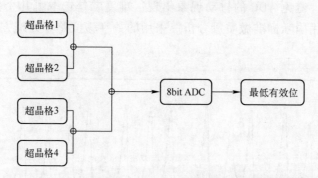

图 7.4 Liwen 论文设计的多路超晶格差分后采集转化原理框图

在此基础上，同时采用日本 A. Uchida 教授在反馈型激光随机数转化电路中的 ADC 采集方式（图 7.5）。一个正常输出另一个延时输出，然后进行颠倒异或的方式获取随机序列，选取全部 8bit 作为输出，可极大地提高真随机数的产生速率。

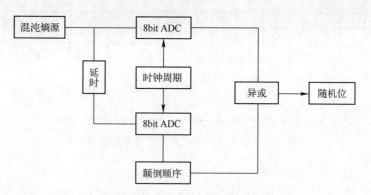

图 7.5 多位量化采集转化原理框图

▲7.1.3 数字移位差分处理方案

设计采集方案基于 A. Uchida 教授理念，进一步考虑不增加熵源和 ADC 开销，充分发挥目前高速嵌入式系统的优势，在 FPGA 内部采用数字方式进行处理。对同一 ADC 输出数据向右位移 n 位后与原数异或作为随机数序列，并确定低位作为最终输出信号。例如，超晶格熵源在 40GHz 采样点示波器上采取波形如图 7.6 所示，可采取 12 位 ADC 以 1.25GHz 速度采样，对数据移位异或后作为最终输出。难度一是 FPGA 高速驱动 ADC 采集，保留熵源有用信号，避免 ADC 的抖动现象出现；难度二是选取哪几个低位作为最终信号要利用国际标准做质量分析。采用的数字移位差分处理方案如图 7.7 所示。

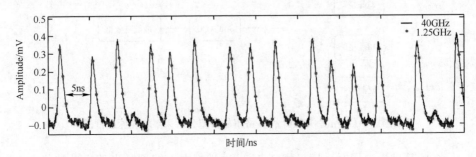

图 7.6　1.25GHz 采样率下的量化采样点

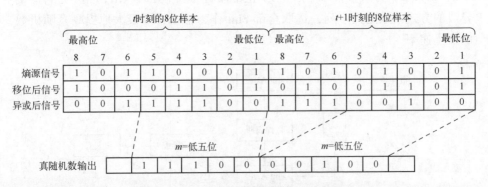

图 7.7　数字异或移位差分处理方案示意图

7.2　超晶格熵源转化电路硬件设计实现

基于超晶格混沌熵源的真随机数产生电路整体实验硬件系统框图，如图 7.8 所示。超晶格混沌熵源在合适的偏置电压或信号激励下将发生混沌自激振荡输出混沌信号。所输出混沌信号通常幅度较小，因而为了便于下一步处理，首先利用信号放大电路对原始信号进行放大。同时输出混沌信号为模拟量，在利用 FPGA 对采集数据进行处理时所对应的必须为数字量，因而需要用高速 ADC 将采集到的模拟信号转化为数字信号传给 FPGA 数据处理单元。FPGA 数据处理单元用来将输入的模拟信号转化为真随机数。产生的真随机数将首先存储于 FIFO 和 SDRAM 存储电路，同时，可将存储随机数通过 USB 接口传给计算机进行下一步分析和处理。

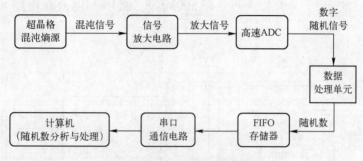

图 7.8　整体实验硬件系统框图

1. 前端信号放大电路设计

前端信号放大电路设计主要是完成阻抗匹配、信号放大、低频噪声滤除等功能，具体电路如图 7.9 所示。

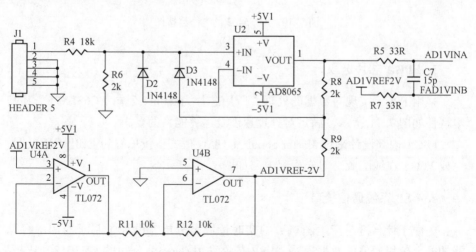

图 7.9　前端放大电路

2. 高速 ADC 采集电路设计

超晶格输出混沌信号的中心频率在 200MHz 左右，为了实现对信号的完整采样，根据奈奎斯特（Nyquist）采样定理，采样频率必须大于信号两倍带宽。因而，ADC 采样频率应不小于 400M/S。采集芯片选取 TI 12 位 ADC 芯片为 ADS5463，采样频率可达到 500MS/S。具体 ADC 连接电路如图 7.10 所示。

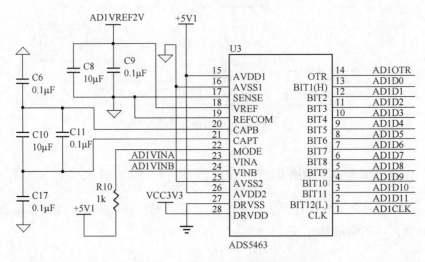

图 7.10　ADS5463 的电路连接图

3. FPGA 芯片选取

采用 FPGA 实现对数据的处理。所用芯片为 Xilinx 公司 XC6SLX75，其基本特性如图 7.11 所示，满足对处理速度及运算能力的要求。

FPGA 内部设计采用 Master Serial 及 JTAG 模式，读取穿行 EEPROM 数据，完成 FPGA 在线配置。对应配置电路如图 7.12 所示。

4. USB 系统通信接口

为便于计算机对产生随机数的实时读取及分析，设计了基于通用串行总线的同上位机通信的数据通路。USB 芯片采用 Cypress 公司的 CY7C68013，通信标准为 USB2.0。具体接口电路如图 7.13 所示。

型号	可配置逻辑模块(CLBs)				DSP48片	块随机存储器		数字时钟管理模块	最大内存控制器	PCIE接口	最大通用数据传输平台转化	所有I/O块	最大可用I/O口
	逻辑单元	逻辑片	触发器	最大分布式随机存储器(KB)		18KB	最大(KB)						
XC6SLX4	3,840	600	4,800	75	8	12	216	2	0	0	0	4	132
XC6SLX9	9,152	1,430	11,440	90	16	32	576	2	2	0	0	4	200
XC6SLX16	14,579	2,278	18,224	136	32	32	576	2	2	0	0	4	232
XC6SLX25	24,051	3,758	30,064	229	38	52	936	2	2	0	0	4	266
XC6SLX45	43,661	6,822	54,576	401	58	116	2,088	4	2	0	0	4	358
XC6SLX75	74,637	11,662	93,296	692	132	72	3,096	6	4	0	0	6	408
XC6SLX100	101,261	15,822	126,576	976	180	268	4,824	6	4	0	0	6	480
XC6SLX150	147,443	23,038	184,304	1,355	180	268	4,824	6	4	0	0	6	576
XC6SLX25T	24,051	3,758	30,064	229	38	52	936	2	2	1	2	4	250
XC6SLX45T	43,661	6,822	54,576	401	58	116	2,088	4	2	1	4	4	296
XC6SLX75T	74,637	11,662	93,296	692	132	172	3,096	6	4	1	8	6	348
XC6SLX100T	101,261	15,822	126,576	976	180	268	4,824	6	4	1	8	6	498
XC6SLX150T	147,443	23,038	184,304	1,355	180	268	4,824	6	4	1	8	6	540

图 7.11 Xilinx 芯片参数选型图

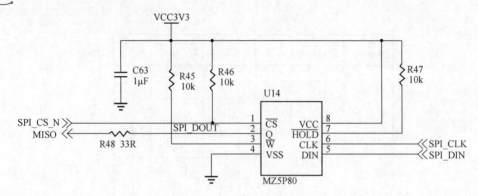

图 7.12 Master Serial 配置方式

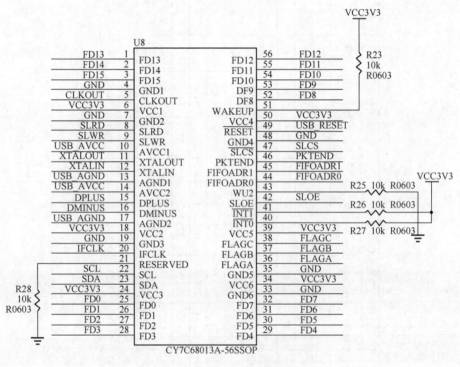

图 7.13 USB 接口电路原理图

5. 供电电路设计

所需电源主要包括：主板电源+5V；FPGA、USB 供电 3.3V；FPGA 引脚 VCCINT_1~VCCINT_5 供电+1.2V。+5V 由 220V 通过变压稳定得到。利用稳

压芯片 AMS1117-3.3 和 AMS1117-1.2 实现另外两种电源，AMS1117-1.2 稳
压电路如图 7.14 所示，3.3V 电路与 1.2V 相似，不再赘述。

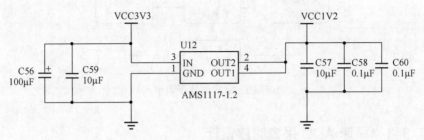

图 7.14　1.2V 电源供电电路

6. 系统 PCB 设计

PCB 实物如图 7.15 所示。

图 7.15　PCB 实物

7.3　方案 FPGA 结构设计与实现

软件结构如图 7.16 所示。数据采集控制模块完成对模数转换芯片
ADS5463 的控制及配置。高速采集到的数据临时存储在 FIFO 之中，采集完成

后转存到 SDRAM 中，通过 USB 将数据传给上位机。

图 7.16　系统整体逻辑框图

▲7.3.1　高速 ADC 采集时序设计

用来实现数据的采集，编译生成 RTL 电路如图 7.17 所示。

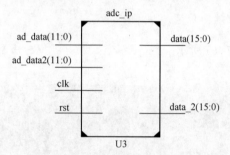

图 7.17　ADC 控制模块 RTL 图

▲7.3.2　FIFO 模块及控制流程设计

FIFO 存储模块 RTL 电路如图 7.18 所示，full 为存储满标志位，高电平时写无效。empty 为存储空标志位，高电平时写有效。FIFO 控制流程如图 7.19 所示。

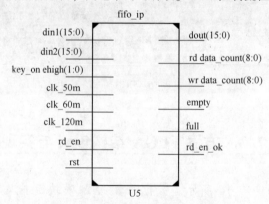

图 7.18　FIFO 模块输入输出 RTL 图

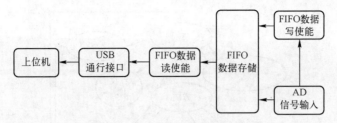

图 7.19　FIFO 读写数据控制流程图

▲7.3.3　数据存储模块时序设计

真随机数产生的大批量数据在 FIFO 暂存后需要转存到大容量存储器中，选用使用 SDRAM 完成。SDRAM 存储器具有较快的读写能力和容量满足采集要求的特点，但 SDRAM 控制时序较为复杂，其定时刷新、选通地址和特殊操作均需设计。

在 FPGA 设计中，如图 7.20 所示，SDRAM 时序设计由初始化、命令译码、刷新计数、地址选通和命令选通部分组成，状态时序以空闲、激活、预充电和自我刷新为循环主流程，在外部信号驱动下，完成读写操作过程，具体流程如图 7.21 状态转移图所示和图 7.22 读操作时序图所示。

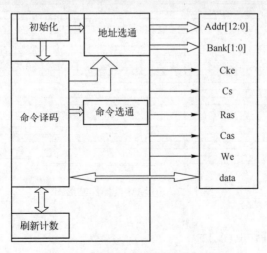

图 7.20　SDRAM 控制模块设计框图

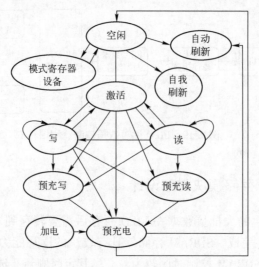

图 7.21 状态时序图

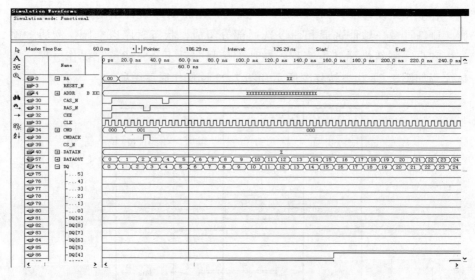

图 7.22 SDRAM 读操作波形图

▲7.3.4 时钟接口设计

时钟模块设计及输出时钟概要如图 7.23 所示。

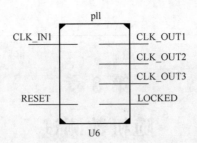

Output Clock Summary

VCO Freq=600.000MHz						
Output Clock	Port Name	Output Freq /MHz	Phase /degrees	Duty Cycle /%	Pk-to-Pk Jitter/ps	Phase Error /ps
CLK_OUT1	CLK_OUT1	60.000	0.000	50.0	259.778	213.839
CLK_OUT2	CLK_OUT2	50.000	0.000	50.0	269.862	213.839
CLK_OUT3	CLK_OUT3	120.000	0.000	50.0	224.199	213.839

图 7.23　时钟模块 RTL 及输出时钟设计结果图

第 8 章
随机数测试

随着随机序列的广泛应用和现代处理器速度的提高，研究人员提出了各种各样的随机序列产生方法和检验方法。随机序列的产生方法主要从数学上来证明产生的随机序列是随机分布的，而检验方法则是应用统计推断的方法由样本来检验随机序列的随机性。从超晶格熵源提取随机数以后，需要对其随机性进行评估测试以验证是否达到随机数的标准。目前国际上通行的对随机数质量的评判方法主要有 NIST 随机数测试及 Diehard 随机数测试。

8.1 NIST 随机数测试

美国国家标准技术研究院（National Institute of Standards and Technology，NIST）的统计测试套件 NIST SP 800-22 是检测序列统计随机性的公认标准。NIST 测试标准从统计学的角度检验序列是否符合真随机性或衡量与真随机性之间的差距。通常使用的是假设检验方法，源假设认为序列是随机的，备择假设则相反，即该序列是不随机的。假设检验用显著性水平来衡量是否接受源假设（备择假设）或拒绝备择假设（源假设），用 α 来表示。在 NIST 测试中 P-valu 方法是判断原假设成立的方法，值为 1 则说明序列具有完全随机性，值为 0 则认为序列完全非随机。此时，若 P-value$\geqslant\alpha$，接受源假设（拒绝备择假设）；否则拒绝源假设（接受备择假设），显著性水平 α 取值为 0.01。在检测过程中可以简要地分为以下几个步骤。

（1）在数据收集过程中，将超晶格随机数发生器产生的随机数数据存为二进制文件。

（2）对二进制文件进行随机性检测，用 SP 800-22 标准中的 15 项检测手段对样本进行检测，分别计算 $P\text{-value}$ 值。

（3）判定 $P\text{-value}$ 值是否达到了显著水平值 α，对于 15 项检测，统计其中每一项 $P\text{-value}$ 值大于或等于 α 值的样本数量。对于样本数量为 s 的检测，满足 $P\text{-value} \geq \alpha$ 的样本个数 H 应满足式（8.1）：

$$H \geq s\left(1 - \alpha - 3\sqrt{\frac{\alpha(1-\alpha)}{s}}\right) \tag{8.1}$$

（4）查看 NIST 检测结果，若 15 项检测结果均达标，则证明该数据为随机数；反之若有一项或多项未达标，则表明该数据不具备随机性。

其中 sts-2.1.2 统计检测程序基于于 Linux 操作系统，提供了 15 种标准随机性测试方法，从不同角度分别刻画了输出序列在数学上的随机特性。具体检测项目的参数要求，原理和不通过分析如表 8.1 所示。根据该原理及参数要求，可对测试数据量进行设计与限定。

表 8.1 NIST 随机性测试参数范围

序号	检测项目	参数要求	原 理	不通过分析
1	频数检测	$n \geq 100\text{bits}$	序列中 1 和 0 的个数是否接近	0 和 1 的个数相差大
2	块内频数检测	$n \geq 100\text{bits}$	M 位子块中 1 的个数是否接近 $m/2$	子块中 0、1 比例不均衡
3	游程检测	$n \geq 100\text{bits}$	检验不同长度的游程总数是否符合随机序列的期望值	游程总数过大或过小
4	块内游程检测	$n \geq 100\text{bits}$	检测序列中各个等长子序列中最长游程的长度是否符合随机序列的期望值	序列中有成簇的 1
5	二元矩阵秩检测	$n \geq 38MQ$	由给定长度序列构成矩阵，检测矩阵行或列之间的线性独立性	秩分布与相应的随机序列偏差较大
6	离散傅里叶检测	$n \geq 100\text{bits}$	检验序列进行傅里叶变换后的尖峰高度是否超过某个门值	傅里叶变换后的较多尖峰高度超过门限值
7	非重叠匹配检测	$n \geq 100\text{bits}$	选用 $m\text{-bit}$ 模式；未被发现，后移一位；被发现，向前一位	存在无规则分布模块
8	重叠匹配检测	$n \geq 100\text{bits}$	检测方法和 7 相似，不同之处：发现目标后，窗口仅向后移一位	较多目标数据串存在
9	通用统计检测	$n \geq 100\text{bits}$	检测序列是否可被无损压缩	序列可大幅度被压缩

续表

序号	检测项目	参数要求	原　理	不通过分析
10	线性复杂度检测	$n \geq 100\text{bits}$	检测各等长的子序列的线性复杂度是否符合随机序列期望值	子序列线性复杂度分布不规则
11	重叠子序列检测	$m < \log^n - 2$	待检测序列中 m 位可重叠子序列的每一种模式个数是否接近	长度为 m 的重叠子序列分布不均匀
12	近似熵检测	$m < \log^n - 2$	整个序列中所有可能重叠的 $m-\text{bit}$ 模式的频率与随机情况相比	待检测序列有较强的规则性
13	累加和检测	$n \geq 100\text{bits}$	最大累加与随机序列的最大偏移相差接近于 0	待检测序列早期或晚期有多的 0 或 1
14	随机游动检测	$n \geq 100\text{bits}$	在一个循环内游动的节点数是否与随机序列中节点数相背离	与预期背离
15	随机游动频数检测	$n \geq 100\text{bits}$	随机游动中多个值间的偏离程度	偏离较大

对以上三个温度下得到的序列做 NIST 测试。该检测标准包括 15 个单项模块，当 $P\text{-value}>0.01$ 时认为序列通过了对应模块的检测，一旦有一项无法满足这个条件，则该序列无法通过 NIST 测试，因此可认为序列不具有随机性。根据表 8.1 的参数要求，采样后处理得到一个 1Gbit 的大量检测数据的样本空间，将随机序列分为 1000 组，每组的长度为 1Mbit，而后进行统计分析，所得结果如表 8.2 所示。根据式（8.1）计算，$P\text{-value} \geq 0.01$ 的概率应该落在区间 $[0.9805, 0.9995]$。从表 8.2 中可以得出结论，$P\text{-value}$ 均大于 0.01，且比例落于区间 $(0.9805, 0.9995)$ 内，这意味着所有数据都通过了 NIST 测试。

表 8.2　NIST 测试结果

Statistical Test	*P*-value	*Proportion*	*Result*
Frequency	0.889118	0.988	*Success*
Block Frequency	0.428095	0.984	*Success*
Cumulative Sums	0.985339	0.989	*Success*
Runs	0.139655	0.995	*Success*
Longest Run	0.542228	0.991	*Success*
Rank	0.818343	0.989	*Success*

续表

Statistical Test	P-value	Proportion	Result
FFT	0.870856	0.987	Success
Non Overlapping Template	0.668321	0.995	Success
Overlapping Template	0.899171	0.988	Success
Universal	0.139655	0.991	Success
Approximate Entropy	0.429923	0.994	Success
Random Excursions	0.719402	0.988	Success
Random Excursions Variant	0.674122	0.991	Success
Serial	0.141256	0.993	Success
Linear Complexity	0.342451	0.995	Success

8.2 Diehard 随机数测试

Dieharder 是一个国际公认的与 NIST 测试地位相似的随机数发生器测试套件，完全基于开源科学计算库（GNU scientific library，GSL）构建。优势在于即使是弱随机数发生器都可以输出一个明确的特征，而不是仅仅给出一个类似 1%~5% 可能失败率的范围。

Dieharder 在设计上是可扩展的，即它集成了其他优秀的随机数测试套件，比如著名的 NIST 测试，并且这个数量会越来越多。图 8.1 所示为 3.29 版本测试套件所能够完成的随机数测试。

表 8.3 列出了 DIEHARD 测试结果，其每一项 P-value 均大于 0.01，通过 19 项全部测试，分别是"生日间距检验""置换检验""矩阵秩检验""矩阵秩检验""矩阵秩检验""比特流检验""两比特词稀少检验""四比特词稀少检验""基因检验""字节流中计数检验""定字节中计数检验""停车厂检验""最小距离检验""三维球检验""压缩检验""重复叠加检验""游程检验""掷骰子检验""掷骰子检验"。这里，采用待测随机码序列码长 80Mbit。测试中，显著性水平的设置为 0.01。这样的话，当每项测试的值（反映值的均衡性）处于 0.01~0.99 时，意味着通过了统计测试。

```
#=============================================================================#
#            dieharder version 3.29.4beta Copyright 2003 Robert G. Brown      #
#=============================================================================#
#     Id Test Name              | Id Test Name            | Id Test Name      #
#=============================================================================#
|    000 borosh13               |001 cmrg                 |002 coveyou        |
|    003 fishman18              |004 fishman20            |005 fishman2x      |
|    006 gfsr4                  |007 knuthran             |008 knuthran2      |
|    009 knuthran2002           |010 lecuyer21            |011 minstd         |
|    012 mrg                    |013 mt19937              |014 mt19937_1999   |
|    015 mt19937_1998           |016 r250                 |017 ran0           |
|    018 ran1                   |019 ran2                 |020 ran3           |
|    021 rand                   |022 rand48               |023 random128-bsd  |
|    024 random128-glibc2       |025 random128-libc5      |026 random256-bsd  |
|    027 random256-glibc2       |028 random256-libc5      |029 random32-bsd   |
|    030 random32-glibc2        |031 random32-libc5       |032 random64-bsd   |
|    033 random64-glibc2        |034 random64-libc5       |035 random8-bsd    |
|    036 random8-glibc2         |037 random8-libc5        |038 random-bsd     |
|    039 random-glibc2          |040 random-libc5         |041 randu          |
|    042 ranf                   |043 ranlux               |044 ranlux389      |
|    045 ranlxd1                |046 ranlxd2              |047 ranlxs0        |
|    048 ranlxs1                |049 ranlxs2              |050 ranmar         |
|    051 slatec                 |052 taus                 |053 taus2          |
|    054 taus113                |055 transputer           |056 tt800          |
|    057 uni                    |058 uni32                |059 vax            |
|    060 waterman14             |061 zuf                  |                   |
#=============================================================================#
|    200 stdin_input_raw        |201 file_input_raw       |202 file_input     |
|    203 ca                     |204 uvag                 |205 AES_OFB        |
|    206 Threefish_OFB          |                         |                   |
#=============================================================================#
|    400 R_wichmann_hill        |401 R_marsaglia_multic.  |402 R_super_duper  |
|    403 R_mersenne_twister     |404 R_knuth_taocp        |405 R_knuth_taocp2 |
#=============================================================================#
|    500 /dev/random            |501 /dev/urandom         |                   |
#=============================================================================#
|    600 empty                  |                         |                   |
#=============================================================================#
```

图 8.1　Dieharder 套件包含的测试内容

表 8.3　DIEHARD 测试结果

测试条件：80 组×1000000 数据，偏压 V=3.3496V，采集间隔 5ns

Statistical Test	P-Value	Result
Birthday Spacing	0.757804	Success
Overlapping 5-permutation	0.869159	Success
Binary rank for 31×31 matrices	0.981609	Success
Binary rank for 32×32 matrices	0.923413	Success
Binary rank for 6×7 matrices	0.044437	Success
Bitstream	1.00000	Success

续表

Statistical Test	*P*−Value	Result
Overlapping−Pairs−Sparse−Occupancy	1.0000	Success
Overlapping−Quadruples−Sparse−Occupancy	0.9795	Success
DNA	0.5594	Success
Count−the−1's on a stream of bytes	1.000000	Success
Count−the−1's for specific bytes	0.564911	Success
Parking lot	0.446497	Success
Minimum distance	1.000000	Success
3D spheres	0.341851	Success
Squeeze	0.756415	Success
Overlapping sums	0.239872	Success
Runs	0.501229	Success
Craps（no. of wins）	0.952873	Success
Craps（throws/game）	0.637448	Success

我们对弱耦合超晶格输出的随机数进行了大量测试，典型值如上分析。从结果可见，以 5ns 为间隔采集的随机数序列均可以通过主流的随机数性能评价标准，因此该噪声源可以在常温条件下以 8 位有效数据在 200MHz 的速率输出高质量随机数。

参 考 文 献

［1］李飞，吴春旺，王敏．信息安全理论与技术［M］．西安：西安电子科技大学出版社，2016：26-27.

［2］陈锦俊，吴令安，范桁．量子保密通讯及经典密码［J］．物理，2017，46（3）：137-144.

［3］郭弘，刘钰，党安红，等．物理真随机数发生器［J］．科学通报，2009（23）：3651-3657.

［4］Takens F. Detecting strange attractors in turbulence［M］. Warwick：Springer Berlin Heidelberg, 1981：366-381.

［5］Sauer T, Yorke J A, Casdagli M. Embedology［J］. Journal of statistical Physics, 1991, 65：579-616.

［6］Whitney H. mappings of the plane into the plane［J］. Annals of Mathematics, 1955, 62（3）：374-410.

［7］Packard N H, Crutchfield J P, Farmer J D, et al. geometry from a time series［J］. Physical Review Letters, 1980, 45（9）：712.

［8］Kolmogorov A N. a new metric invariant of transient dynamical systems and automorphisms in Lebesgue spaces［J］. Dokl. Akad. Nauk SSSR, 1958, 951（5）：861－864.

［9］Albano A M, Muench J, Schwartz C, et al. singular-value decomposition and the rassberger-Procaccia algorithm［J］. Physical Review A, 1988, 38（6）：3017.

［10］Paluš M, Dvořák I. Singular-value decomposition in attractor reconstruction：pitfalls and precautions［J］. Physica D：Nonlinear Phenomena, 1992, 55（1）：221-234.

［11］Pecora L M, Moniz L, Nichols J, et al. A unified approach to attractor reconstruction［J］. Chaos：An Interdisciplinary Journal of Nonlinear Science, 2007, 17（1）：013110.

［12］Nichols J M, Todd M D, Wait J R. Using state space predictive modeling with chaotic interrogation in detecting joint preload loss in a frame structure experiment［J］. Smart Materials and Structures, 2003, 12（4）：580.

［13］ Todd M D, Erickson K, Chang L, et al. Using chaotic interrogation and attractor nonlinear cross-prediction error to detect fastener preload loss in an aluminum frame ［J］. Chaos: An Interdisciplinary Journal of Nonlinear Science, 2004, 14 (2): 387-399.

［14］ Todd M D, Nichols J M, Pecora L M, et al. Vibration-based damage assessment utilizing state space geometry changes: local attractor variance ratio ［J］. Smart Materials and Structures, 2001, 10 (5): 1000.

［15］ Nichols J M, Trickey S T, Todd M D, et al. Structural health monitoring through chaotic interrogation ［J］. Meccanica, 2003, 38 (2): 239-250.

［16］ 吕玉祥, 牛利兵, 张建忠, 等. 基于混沌激光的 500Mb/s 高速真随机数发生器 ［J］. 中国激光, 2011, 38 (5): 60-64.

［17］ 张建忠. 基于宽带混沌激光熵源实现高速真随机数的产生 ［D］. 太原: 太原理工大学, 2012.

［18］ 陈莎莎, 张建忠, 杨玲珍, 等. 基于混沌激光产生 1Gb/s 的随机数 ［J］. 物理学报, 2011, 60 (1): 38-43.

［19］ Huang Yuyang, Liu H C, Wasilewski Z R, et al. High contrast ratio, high uniformity multiple quantum well spatial light modulators ［J］. Journal of Semiconductors, 2010, 31 (3): 034007/1-034007/4.

［20］ Trallori L, Politi P, Rettori A, et al. Field dependence of the magnetic susceptibility of an Fe/Cr (211) superlattice: Effect of discreteness and chaos ［J］. Journal of Physics Condensed Matter, 1995, 7 (33): L451.

［21］ Bulashenko O M, Luo K J, Grahn H T, et al. Multifractal dimension of chaotic attractors in a driven semiconductor superlattice ［J］. Physical Review B, 1999, 60 (8): 5694-5697.

［22］ 张耀辉, 黄寓洋, 李文. 随机噪声源: 中国, 201210031598.1 ［P］. 2015.

［23］ Huang Y Y, Liu H C, Wasilewski Z R, et al. Incident angle dependence of GaAs/AlGaAs multiple quantum well spatial light modulators ［J］. Journal of Optoelectronics Laser, 2010, 21 (5): 668-671.

［24］ Lehmer D H. A triangular number formula for the partition function ［J］. Scripta Math, 1951, 17: 17-19.

［25］ 罗平. 线性同余发生器的缺陷及其改进 ［J］. 计算机工程, 1995 (1): 295-297.

［26］ 左大义, 韩文报. 线性同余发生器的分析 ［J］. 信息工程大学学报, 2004, 5 (2): 16-19.

［27］ 张广强, 张小彩. 混合线性同余发生器的周期分析 ［J］. 商丘师范学院学报, 2007, 23 (6): 40-42.

［28］ 黄小莉, 石竑松, 张翀斌, 等. 对一类组合线性同余发生器的不可预测性研究 ［C］. 信息安全漏洞分析与风险评估大会, 2014: 22-27.

［29］ De Matteis M A, Luini A. Exiting the Golgi complex ［J］. Nature reviews Molecular cell biology, 2008, 9 (4): 273-284.

[30] Tausworthe R C. Random numbers generated by linear recurrence modulo two [J]. Mathematics of Computation, 1965, 19 (90): 201-209.

[31] Ulrych T J, Bishop T N. Maximum entropy spectral analysis and autoregressive decomposition [J]. Reviews of Geophysics, 1975, 13 (1): 183-200.

[32] Niederreiter H. Quasi-Monte Carlo methods and pseudo-random numbers [J]. Bulletin of the American Mathematical Society, 1978, 84 (1978): 957-1041.

[33] Binder K. Applications of Monte Carlo methods to statistical physics [J]. Reports on Progress in Physics, 1999, 60 (5): 487.

[34] 谷晓忱, 张民选. 基于 Galois 线性反馈移位寄存器的随机数产生 [J]. 计算机工程与科学, 2011, 33 (5): 44-47.

[35] 束礼宝, 宋克柱, 王砚方. 伪随机数发生器的 FPGA 实现与研究 [J]. 电路与系统学报, 2003, 8 (3): 121-124.

[36] 杨自强, 魏公毅. 常见随机数发生器的缺陷及组合随机数发生器的理论与实践 [J]. 数理统计与管理, 2001, 20 (1): 45-51.

[37] 张广强, 张小彩. 基于两个不同类型的组合随机数发生器 [J]. 洛阳师范学院学报, 2007, 26 (2): 77-78.

[38] 张广强, 程鹏. 一类组合随机数发生器的周期分析 [J]. 华北水利水电大学学报（自然科学版）, 2010, 31 (2): 111-112.

[39] 王萍, 许海洋. 一种新的随机数组合发生器的研究 [J]. 计算机技术与发展, 2006, 16 (4): 79-81.

[40] 张广强. 均匀随机数发生器的研究和统计检验 [D]. 大连: 大连理工大学, 2005.

[41] Sunar B, Martin W J, Stinson D R. A Provably Secure True Random Number Generator with Built-In Tolerance to Active Attacks [J]. IEEE Transactions on Computers, 2006, 56 (1): 109-119.

[42] Fischer V, Drutarovský M. True Random Number Generator Embedded in Reconfigurable Hardware [C]. Cryptographic Hardware and Embedded Systems - CHES 2002, 2002: 415-430.

[43] Tokunaga C, Blaauw D, Mudge T. True Random Number Generator With a Metastability-Based Quality Control [J]. IEEE Journal of Solid-State Circuits, 2008, 43 (1): 78-85.

[44] Epstein M, Hars L, Krasinski R, et al. Design and Implementation of a True Random Number Generator Based on Digital Circuit Artifacts [C]. Cryptographic Hardware and Embedded Systems - CHES 2003, International Workshop, Cologne, Germany, September 8-10, 2003, Proceedings. DBLP, 2003: 152-165.

[45] Epstein M, Hars L, Krasinski R, et al. Design and Implementation of a True Random Number Generator Based on Digital Circuit Artifacts [C]. Cryptographic Hardware and

Embedded Systems-CHES 2003, International Workshop, Cologne, Germany, September 8-10, 2003, Proceedings. DBLP, 2003: 152-165.

[46] Wei W, Guo H. Quantum random number generator based on the photon number decision of weak laser pulses [C]. Conference on Lasers and Electro-Optics/Pacific Rim, Optica Publishing Group, 2009.

[47] Liu Y, Tang W, Guo H. True random number generator based on the phase noise of laser [C]. Lasers and Electro-Optics. IEEE, 2010: 1-2.

[48] Brederlow R, Prakash R, Paulus C, et al. A low-power true random number generator using random telegraph noise of single oxide-traps [C]. 2006 IEEE International Solid State Circuits Conference-Digest of Technical Papers. IEEE, 2006: 1666-1675.

[49] Muise J G, Lavoie M L. Method of providing a portable true random number generator based on the microstructure and noise found in digital images: U. S. Patent 8, 379, 848 [P]. 2013-2-19.

[50] Figliolia T, Julian P, Tognetti G, et al. A true Random Number Generator using RTN noise and a sigma delta converter [C]. IEEE International Symposium on Circuits and Systems. IEEE, 2016: 17-20.

[51] Amaki T, Hashimoto M, Mitsuyama Y, et al. A Worst-Case-Aware Design Methodology for Noise-Tolerant Oscillator-Based True Random Number Generator With Stochastic Behavior Modeling [J]. IEEE Transactions on Information Forensics & Security, 2013, 8 (8): 1331-1342.

[52] Güler Ü, Pusane A E, Dündar G. Investigating flicker noise effect onrandomness of CMOS ring oscillator based true random number generators [C]. 2014 International Conference on Information Science, Electronics and Electrical Engineering. IEEE, 2014, 2: 845-849.

[53] Pareschi F, Setti G, Rovatti R. A Fast Chaos-based True Random Number Generator for Cryptographic Applications [C]. Solid-State Circuits Conference, 2006. Esscirc 2006. Proceedings of the, European. IEEE, 2006: 130-133.

[54] Drutarovsky M, Galajda P. A Robust Chaos-Based True Random Number Generator Embedded in Reconfigurable Switched-Capacitor Hardware [C]. Radioelektronika, 2007. International Conference. IEEE, 2007: 1-6.

[55] Stojanovski T, Kocarev L. Chaos-based random number generators-part I: analysis [cryptography] [J]. IEEE Transactions on Circuits & Systems I Fundamental Theory & Applications, 2001, 48 (3): 281-288.

[56] Stojanovski T, Pihl J, Kocarev L. Chaos-based random number generators. Part II: practical realization [J]. IEEE Transactions on Circuits and Systems I: Fundamental Theory and Applications, 2001, 48 (3): 382-385.

[57] YAL M E. Increasing the entropy of a random number generator using n-scroll chaotic at-

tractors [J]. International Journal of Bifurcation & Chaos, 2007, 17 (12): 4471-4479.

[58] Yalcin M E, Suykens J A K, Vandewalle J. True random bit generation from a double-scroll attractor [J]. IEEE Transactions on Circuits & Systems I Regular Papers, 2004, 51 (7): 1395-1404.

[59] Ergun S, Ozoguz S. A Chaos-Modulated Dual Oscillator-Based Truly Random Number Generator [C]. IEEE International Symposium on Circuits and Systems. IEEE, 2007: 2482-2485.

[60] Li X, Zhang G, Liao Y. Chaos-based true random number generator using image [C]. International Conference on Computer Science and Service System. IEEE, 2011: 2145-2147.

[61] 狄欣. 高性能伪随机数发生器的设计 [D]. 哈尔滨: 哈尔滨工业大学, 2009.

[62] 楼久怀. 不同分布的随机数发生器的研究和设计 [D]. 杭州: 浙江大学, 2006.

[63] Jennewein T, Achleitner U, Weihs G, et al. A fast and compact quantum random number generator [J]. Review of Scientific Instruments, 2000, 71 (4): 1675-1680.

[64] Stipčević M. Quantum random number generators and their use in cryptography [C] 2011 Proceedings of the 34th International Convention MIPRO. IEEE, 2011: 1474-1479.

[65] Li P, Wang Y C, Wang A B, et al. Fast and Tunable All-Optical Physical Random Number Generator Based on Direct Quantization of Chaotic Self-Pulsations in Two-Section Semiconductor Lasers [J]. IEEE Journal of Selected Topics in Quantum Electronics, 2013, 19 (4): 0600208-0600208.

[66] 魏丽霞, 唐曦, 吴正茂等. 基于双光反馈垂直腔面发射激光器获取双路高速物理随机数研究 [J]. 光电子·激光, 2015, 26 (11): 2062-2069.

[67] Tsu R, Esaki L. Tunneling in a finite superlattice [J]. Applied Physics Letters, 1973, 22 (11): 562-564.

[68] Esaki, L, Tsu, R. Superlattice and Negative Differential Conductivity in Semiconductors [J]. Journal of Research & Development, 1970, 14 (1): 61-65.

[69] Bastard G. Superlattice band structure in the envelope-function approximation [J]. Physical Review B, 1981, 24 (10): 5693-5697.

[70] Parkin S S, More N, Roche K P. Oscillations in exchange coupling and magnetoresistance in metallic superlattice structures: Co/Ru, Co/Cr, and Fe/Cr [J]. Physical Review Letters, 1990, 64 (19): 2304-2307.

[71] Huang C P. Piezoelectric-Induced Polariton Coupling in a Superlattice [J]. Physical Review Letters, 2005, 94 (11): 117401.

[72] Dong A, Chen J, Vora P M, et al. Binary nanocrystal superlattice membranes self-assembled at the liquid-air interface [J]. Nature, 2010, 466 (7305): 474-7.

[73] Cox S, Rosten E, Chapman J C, et al. Strain control of superlattice implies weak charge-lattice coupling in $La_{0.5}Ca_{0.5}MnO_3$ [J]. Phys. rev. b, 2006, 73 (12): 1456-1463.

［74］Tkach N V, Makhanets A M, Zegrya G G. Electrons, holes, and excitons in a superlattice composed of cylindrical quantum dots with extremely weak coupling between quasiparticles in neighboring layers of quantum dots ［J］. Semiconductors, 2002, 36 (5)：511-518.

［75］Shi Z P, Li-Xiong H E. Doping and bias conditions of the self-oscillation in doped GaAs/ AlAs superlattice with weak coupling ［J］. Journal of Fuzhou University, 2002, 30 (1)：39-42.

［76］Zhang Y, Kastrup J, Klann R, et al. Synchronization and Chaos Induced by Resonant Tunneling in GaAs/AlAs Superlattices ［J］. Physical Review Letters, 1996, 77 (14)：3001.

［77］Huang Y Y, Wen L I, Wenquan M A. Experimental observation of spontaneous chaotic current oscillations in GaAs/Al_(0.45)Ga_(0.55)As superlattices at room temperature ［J］. Science Bulletin, 2012, 57 (17)：2070-2072.

［78］Li W, Reidler I, Aviad Y, et al. Fast physical random-number generation based on room-temperature chaotic oscillations in weakly coupled superlattices ［J］. Physical Review Letters, 2013, 111 (4)：044102.

［79］Huang Y, Li W, Ma W, et al. Spontaneous quasi-periodic current self-oscillations in a weakly coupled GaAs/ (Al, Ga) As superlattice at room temperature ［J］. Applied Physics Letters, 2013, 102 (24)：61.

［80］Huang Y, Qin H, Li W, et al. Experimental evidence for coherence resonance in a noise-driven GaAs/AlAs superlattice ［J］. Europhysics Letters, 2014, 105 (4)：107-110.

［81］Huang Y, Li W, Ma W, et al. Spontaneous quasi-periodic current self-oscillations in a weakly coupled GaAs/ (Al, Ga) As superlattice at room temperature ［J］. Applied Physics Letters, 2013, 102 (24)：61.

［82］Ying L, Huang D, Lai Y C. Multistability, chaos, and random signal generation in semiconductor superlattices. ［J］. Physical Review E, 2016, 93 (6)：062204.

［83］Thietart R A, Forgues B. Chaos theory and organization ［J］. Organization science, 1995, 6 (1)：19-31.

［84］Sun J, Zheng C, Zhou Y, et al. Nonlinear noise reduction of chaotic time series based on multidimensional recurrent LS-SVM ［J］. Neurocomputing, 2008, 71 (16)：3675-3679.

［85］Yonemoto K, Yanagawa T. Estimating the Lyapunov exponent from chaotic time series with dynamic noise ［J］. Statistical Methodology, 2007, 4 (4)：461-480.

［86］Smirnov D A, Vlaskin V S, Ponomarenko V I. Estimation of parameters in one-dimensional maps from noisy chaotic time series ［J］. Physics Letters A, 2005, 336 (6)：448-458.

［87］Machado L G, Lagoudas D C, Savi M A. Lyapunov exponents estimation for hysteretic systems ［J］. International Journal of Solids and Structures, 2009, 46 (6)：1269-1286.

［88］Ji W, Fang N, Wang L, et al. Denoising Chaotic Time Series Using Local Projection Method with Kernel PCA Preprocessing ［C］. Asia Communications and Photonics Conference.

Optica Publishing Group, 2013: AF2I. 13.

[89] Rosso O A, Larrondo H A, Martin M T, et al. Distinguishing noise from chaos [J]. Physical Review Letters, 2007, 99 (15): 154102.

[90] Gao J, Hu J, Tung W. On the Application of the SDLE to the Analysis of Complex Time Series [J]. Multiscale Signal Analysis and Modeling, 2013: 211-231.

[91] Zunino L, Soriano M C, Rosso O A. Distinguishing chaotic and stochastic dynamics from time series by using a multiscale symbolic approach [J]. Physical Review E Statistical Nonlinear & Soft Matter Physics, 2012, 86 (2): 046210.

[92] Kantz H, Schreiber T. Nonlinear time series analysis [M]. Cambridge university press, 2004.

[93] Schreiber T, Richter M. Fast nonlinear projective filtering in a data stream [J]. International Journal of Bifurcation and Chaos, 1999, 9 (10): 2039-2045.

[94] Kantz H, Schreiber T. Nonlinear projective filtering I: Background in chaos theory [J]. Physics, 1998, 9 (10): 2039-2045.

[95] Hegger R, Kantz H, Schreiber T. practical implementation of nonlinear time series methods: the tisean package [J]. Chaos: An Interdisciplinary Journal of Nonlinear Science, 1999, 9 (2): 413-435.

[96] Schreiber T, Richter M. Fast Nonlinear Projective FilTering In a Data Stream [J]. International Journal of Bifurcation & Chaos, 1999, 09 (10): 9900147.

[97] Parlitz U. Nonlinear time-series analysis [J]. Nonlinear modeling: advanced black-box techniques, 1998: 209-239.

[98] Jafari S, Golpayegani S M R H, Jafari A H. A novel noise reduction method based on geometrical properties of continuous chaotic signals [J]. Scientia Iranica, 2012, 19 (6): 1837-1842.

[99] Tung W W, Hu J, Gao J B, et al. Diffusion, intermittency, and noise-sustained metastable chaos in the lorenz equations: effects of noise on multistability [J]. International Journal of Bifurcation & Chaos, 2008, 18 (6): 1749-1758.

[100] Fattah A S A, Elramly S, Ibrahim M, et al. Denoising algorithm for noisy chaotic signal by using wavelet transform: Comprehensive study [C]. Internet Technology and Secured Transactions. IEEE, 2011: 79-85.

[101] Ke D, Lu Z, Luo M K. A denoising algorithm for noisy chaotic signals based on the higher order threshold function in wavelet-packet [J]. Chinese Physics Letters, 2011, 28 (2): 020502.

[102] Premanode B, Vongprasert J, Toumazou C. Noise reduction for nonlinear nonstationary time series data using averaging intrinsic mode function [J]. Algorithms, 2013, 6 (3): 407-429.

［103］Hong Y, Li G. Noise reduction of chaotic signal based on empirical mode decomposition ［J］. TELKOMNIKA Indonesian Journal of Electrical Engineering, 2014, 12 (3)：1881-1886.

［104］王文波，张晓东，汪祥莉. 基于独立成分分析和经验模态分解的混沌信号降噪 ［J］. 物理学报，2013, 62 (5)：50201-050201.

［105］Jafari S, Hashemi Golpayegani S M R, Jafari A H. A novel noise reduction method based on geometrical properties of continuous chaotic signals ［J］. Scientia Iranica, 2012, 19 (6)：1837-1842.

［106］Han X, Chang X. Noise Reduction Method for Chaotic Signal Based on Phase Space Reconstruction ［C］. Intelligent Computation Technology and Automation (ICICTA), 2011 International Conference on. IEEE, 2011, 2：620-623.

［107］Zhang Y, Li B W. Noise reduction method for nonlinear signal based on maximum variance unfolding and its application to fault diagnosis ［J］. Science China Technological Sciences, 2010, 53 (8)：2122-2128.

［108］余成义. 流形学习在混沌时间序列降噪中的应用 ［D］. 武汉：武汉科技大学，2012.

［109］Kugiumtzis D, Lillekjendlie B, Christophersen N. Chaotic time series Part I：Estimation of some invariant properties in state space ［J］. Modeling Identification & Control, 1994, 15 (4)：205-224.

［110］Lillekjendlie B, Kugiumtzis D, Christophersen N. Chaotic time series Part II：System identification and prediction ［J］. Modeling Identification & Control, 1994, 15 (4)：225-243.

［111］Packard N H, Crutchfield J P, Farmer J D, et al. Geometry from a Time Series ［J］. Physical Review Letters, 1980, 45 (9)：712.

［112］Fraser A M. Information and entropy in strange attractors ［J］. Information Theory, IEEE Transactions on, 1989, 35 (2)：245-262.

［113］Albano A M, Muench J, Schwartz C, et al. Singular-value decomposition and the Grassberger-Procaccia algorithm ［J］. Physical Review A, 1988, 38 (6)：3017.

［114］Albano A M, Passamante A, Farrell M E. Using higher-order correlations to define an embedding window ［J］. Physica D：Nonlinear Phenomena, 1991, 54 (1)：85-97.

［115］Kugiumtzis D. State space reconstruction parameters in the analysis of chaotic time series——the role of the time window length ［J］. Physica D：Nonlinear Phenomena, 1996, 95 (1)：13-28.

［116］Sivakumar B, Persson M, Berndtsson R, et al. Is correlation dimension a reliable indicator of low-dimensional chaos in short hydrological time series? ［J］. Water Resources Research, 2002, 38 (2)：3-1.

[117] Judd K, Mees A. Embedding as a modeling problem [J]. Physica D: Nonlinear Phenomena, 1998, 120 (3): 273-286.

[118] Guckenheimer J, Buzyna G. Dimension measurements for geostrophic turbulence [J]. Physical review letters, 1983, 51: 1438-1441.

[119] Paluš M, Dvořák I, David I. Spatio-temporal dynamics of human EEG [J]. Physica A: Statistical Mechanics and its Applications, 1992, 185 (1): 433-438.

[120] Casdagli M. A dynamical systems approach to modeling input - output systems. Nonlinear Modeling and Forecasting [C] SFI Studies in the Sciences of Complexity, Proc. 1992, 12.

[121] Hunter Jr N F. Application of nonlinear time series models to driven systems [R]. Los Alamos National Lab: NM (USA), 1990.

[122] Broomhead D S, King G P. Extracting qualitative dynamics from experimental data [J]. Physica D: Nonlinear Phenomena, 1986, 20 (2): 217-236.

[123] Mees A I, Rapp P E, Jennings L S. Singular-value decomposition and embedding dimension [J]. Physical Review A, 1987, 36 (1): 340.

[124] Albano A M, Muench J, Schwartz C, et al. Singular-value decomposition and the Grassberger-Procaccia algorithm [J]. Physical Review A, 1988, 38 (6): 3017.

[125] Takens F. Detecting strange attractors in turbulence [C] Dynamical Systems and Turbulence, Warwick 1980: proceedings of a symposium held at the University of Warwick 1979/80. Berlin, Heidelberg: Springer Berlin Heidelberg, 2006: 366-381.

[126] Wolf A, Swift J B, Swinney H L, et al. Determining LyapunovExponents From a Time Series [J]. Physica D: nonlinear phenomena, 1985, 16 (3): 285-317.

[127] Theiler J. Estimating fractal dimension [J]. Journal of the Optical Society of America A, 1990, 7 (6): 1055-1073.

[128] Benettin G, Galgani L, Strelcyn J M. Kolmogorov Entropy and Numerical Experiments [J]. Physical Review A, 1976, 14 (6): 2338-2345.

[129] Tang Y, Guan X. Parameter estimation for time-delay chaotic system by particle swarm optimization [J]. Chaos Solitons & Fractals, 2017, 40 (3): 1391-1398.

[130] Li W, Reidler I, Aviad Y, et al. Fast physical random-number generation based on room-temperature chaotic oscillations in weakly coupled superlattices [J]. Physical Review Letters, 2013, 111 (4): 044102.

[131] Zhang Y, Klann R, Grahn H T, et al. Transition between synchronization and chaos in doped GaAs/AlAs superlattices [J]. Superlattices & Microstructures, 1997, 21 (4): 565-568.

[132] Huang Y Y, Wen L I, Wenquan M A. Experimental observation of spontaneous chaotic current oscillations in GaAs/Al_(0.45)Ga_(0.55)As superlattices at room temperature

［J］. Science Bulletin, 2012, 57（17）: 2070-2072.

［133］ Huang Y, Li W, Ma W, et al. Spontaneous quasi-periodic current self-oscillations in a weakly coupled GaAs/（Al, Ga）As superlattice at room temperature［J］. Applied Physics Letters, 2013, 102（24）: 61.

［134］ Ying L, Huang D, Lai Y C. Multistability, chaos, and random signal generation in semiconductor superlattices［J］. Physical Review E, 2016, 93（6）: 062204.

［135］ Zou Y, Donner R V, Marwan N, et al. Complex network approaches to nonlinear time series analysis［J］. Physics Reports, 2019, 787: 1-97.

［136］ Maksimenko V A, Koronovskii A A, Hramov A E, et al. Model for studying collective charge transport at the ohmic contacts of a tightly coupled semiconductor nanostructure［J］. Bulletin of the Russian Academy of Sciences Physics, 2014, 78（12）: 1285-1289.

［137］ Sibille A, Palmier J F, Wang H, et al. Observation of Esaki-Tsu negative differential velocity in GaAs/AlAs superlattices［J］. Physical Review Letters, 1990, 64（1）: 52.

［138］ Bulashenko O M, Bonilla L L. Chaos in resonant-tunneling superlattices［J］. Phys. rev. b, 1995, 52（11）: 7849.

［139］ Huang Y, Qin H, Li W, et al. Experimental evidence for coherence resonance in a noise-driven GaAs/AlAs superlattice［J］. EPL（Europhysics Letters）, 2014, 105（4）: 47005.

［140］ Alvaro M, Carretero M, Bonilla L L. Noise-enhanced spontaneous chaos in semiconductor superlattices at room temperature［J］. EPL（Europhysics Letters）, 2014, 107（3）: 37002.

［141］ Bulashenko O M, Garcia M J, Bonilla L L. Chaotic dynamics of electric-field domains in periodically driven superlattices［J］. Physical Review B, 1996, 53（15）: 10008.

［142］ Kolumban G, Vizvari B, Mogel A, et al. Chaotic systems: a challenge for measurement and analysis［C］. Instrumentation and Measurement Technology Conference, 1996. IMTC-96. Conference Proceedings. Quality Measurements: The Indispensable Bridge between Theory and Reality. IEEE. IEEE, 1996: 1396-1401 vol. 2.

［143］ Overbey L A, Todd M D. Damage assessment using generalized state-space correlation features［J］. Structural Health Monitoring, 2008, 7（4）: 347-363.

［144］ Torkamani S, Butcher E A, Todd M D, et al. Hyperchaotic probe for damage identification using nonlinear prediction error［J］. Mechanical Systems and Signal Processing, 2012, 29: 457-473.

［145］ Kloeden P E, Rasmussen M. Nonautonomous dynamical systems［M］. American Mathematical Soc., 2011.

［146］ Bulashenko O M, Bonilla L L. Chaos in resonant-tunneling superlattices［J］. Physical Review B Condensed Matter, 1995, 52（11）: 7849.

[147] Zhang Y, Klann R, Grahn H T, et al. Transition between synchronization and chaos in doped GaAs/AlAs superlattices [J]. Superlattices & Microstructures, 1997, 21 (4): 565-568.

[148] Huffaker R G, Huffaker R, Bittelli M, et al. Nonlinear time series analysis with R [M]. Oxford University Press, 2017.

[149] Badii R, Broggi G, Derighetti B, et al. Dimension increase in filtered chaotic signals. [J]. Physical Review Letters, 1988, 60: 979-982.

[150] Mitschke F, Möller M, Lange W. Measuring filtered chaotic signals [J]. Physical Review A General Physics, 1988, 37 (11): 4518.

[151] Lalley S P, Nobel A B. Denoising deterministic time series [J]. Dynamics of Partial Differential Equations, 2006, 3 (4): 259-279.

[152] Cawley R, Hsu G H. Local-geometric-projection method for noise reduction in chaotic maps and flows [J]. Physical review A, 1992, 46 (6): 3057.

[153] Sauer T. A noise reduction method for signals from nonlinear systems [J]. Physica D: Nonlinear Phenomena, 1992, 58 (1): 193-201.

[154] Fraser A M, Swinney H L. Independent coordinates for strange attractors from mutual information [J]. Physical Review A, 1986, 33 (2): 1134.

[155] Abarbanel H D I, Kennel M B. Local false nearest neighbors and dynamical dimensions from observed chaotic data [J]. Physical Review E Statistical Physics Plasmas Fluids & Related Interdisciplinary Topics, 1993, 47 (5): 3057.

[156] Hegger R, Kantz H. Improved false nearest neighbor method to detect determinism in time series data [J]. Physical Review E Statistical Physics Plasmas Fluids & Related Interdisciplinary Topics, 1999, 60 (4 Pt B): 4970.

[157] Chatterjee A. An introduction to the proper orthogonal decomposition [J]. Current Science, 2000, 78 (7): 171-4.

[158] Chatterjee A, Cusumano J P, Chelidze D. Optimal tracking of parameter drift in a chaotic system: Experiment and theory [J]. Journal of Sound & Vibration, 2002, 250 (5): 877-901.

[159] Schreiber T. Determination of the noise level of chaotic time series [J]. Physical Review E, 1993, 48 (1): R13.

[160] Gao J B, Hu J, Tung W W, et al. Distinguishing chaos from noise by scale-dependent Lyapunov exponent [J]. Physical Review E, 2006, 74 (6): 066204.

[161] Olson C C, Overbey L A, M. D. Todd. An experimental demonstration of tailored excitations for improved damage detection in the presence of operational variability [J]. Mechanical Systems & Signal Processing, 2009, 23 (2): 344-357.

[162] Luo K J, Grahn H T, Ploog K H, et al. Explosive bifurcation to chaos in weakly coupled

semiconductor superlattices [J]. Physical Review Letters, 1998, 81 (81): 1290–1293.

[163] Huang D, Alsing P M. Many−body effects on optical carrier cooling in intrinsic semiconductors at low lattice temperatures [J]. Physical Review B Condensed Matter, 2008, 78 (78): 1436–1446.

[164] Huang D, Cardimona D A. Nonadiabatic effects in a self−consistent hartree model for electrons under an ac electric field in multiple quantum wells [J]. Physical Review B, 2003, 67 (24): 841–845.

[165] Huang D, Alsing P M, Apostolova T, et al. Coupled energy−drift andforce−balance equations for high − field hot − carrier transport [J]. Physical Review B, 2005, 71 (19): 5205.

[166] Zhou L Y, Sun Y S, Zhou J L. Structure of the phase space near Lagrange´s triangular equilibrium points [J]. Acta AstronomicaSinica, 2000, 24 (1): 119–126.

[167] Blume J A. Compatibility conditions for a left Cauchy−Green strain field [J]. Journal of Elasticity, 1989, 21 (3): 271–308.

[168] Lei X L, Ting C S. Green´s−function approach to nonlinear electronic transport for an electron− impurity − phonon system in a strong electric field. [J]. Physical Review B Condensed Matter, 1985, 32 (2): 1112.

[169] Alekseev K N, Cannon E H, Mckinney J C. Spontaneous DC current generation in a resistively shunted semiconductor superlattice driven by a terahertz field [J]. Physical Review Letters, 1997, 80 (12): 2669–2672.

[170] Greenaway M T, Balanov A G, Schoell E, et al. Controlling and enhancing THz collective electron dynamics in superlattices by chaos−assisted miniband transport [J]. Physical Review B, 2010, 80 (20): 205318.

[171] Hramov A E, Makarov V V, Koronovskii A A, et al. Subterahertz chaos generation by coupling a superlattice to a linear resonator. [J]. Physical Review Letters, 2014, 112 (11): 116603.

[172] Zhang B, Li H, Liu Y, et al. Improving web search results using affinity graph [J]. Proceedings of Annual International AcmSigir, 2005: 504–511.

[173] Alvaro M, Carretero M, Bonilla L L. Noise enhanced spontaneous chaos in semiconductor superlattices at room temperature [J]. Epl, 2014, 107 (3): 1160–1170.